Vermessungskunde

Fachgebiete Architektur – Bauingenieurwesen – Vermessungswesen

Teil 2

Von Dr.-Ing. Volker Matthews
Professor an der Georg-Simon-Ohm-Fachhochschule
Nürnberg

16., neubearbeitete Auflage
Mit 199 Bildern und 15 Tafeln

B. G. Teubner Stuttgart 1993

Die Deutsche Bibliothek – CIP-Einheitsaufnahme

Matthews, Volker:
Vermessungskunde : Fachgebiete Architektur –
Bauingenieurwesen – Vermessungswesen /
von Volker Matthews
Stuttgart : Teubner
    Früher u. d. T.: Volquardts, Hans: Vermessungskunde
Teil 2. – 16., neubearb. Aufl. – 1993
    ISBN 3-519-05253-9

© B. G. Teubner Stuttgart 1993
Printed in Germany
Satz: Fotosatz-Service KÖHLER, Würzburg
Druck und Bindung: Passavia Druckerei GmbH, Passau
Einband: Tabea und Martin Koch, Ostfildern/Stuttgart

Vorwort

Elektronische Tachymeter und Computer-Tachymeter haben zu einer tiefgreifenden Veränderung der Arbeitsabläufe im Vermessungswesen geführt. Die Instrumente sind vielfach für den Einsatz von Software ausgerüstet. Damit werden die Messungen in der Örtlichkeit und die Weiterverarbeitung der Meßdaten erleichtert. Die Meßmethoden mit elektronischen Tachymetern und Computer-Tachymetern werden in diesem Buch behandelt.

Die für Bau- und Vermessungsingenieure wesentlichen Vermessungen und Berechnungen bei der Bestimmung von Neupunkten, bei der Polygonierung und bei der Tachymetrie sind leicht verständlich erläutert. In dem Abschnitt Ingenieur-Vermessung wird der breite Sektor von der Absteckung der Geraden über den Kreisbogen und Übergangsbogen bis zur Erdmassenberechnung abgedeckt. Viele Beispiele ergänzen den jeweiligen Stoff. Dabei wurden die Berechnungen mit technisch-wissenschaftlichen Taschenrechnern ohne Verwendung von Programmen vorgenommen, um die Beispiele mit einem handelsüblichen Taschenrechner nachvollziehen zu können.

Das Angebot an elektronischen Tachymetern und Computer-Tachymetern ist sehr groß. Deshalb kann die Zusammenstellung dieser Instrumente im Anhang nur eine Auswahl sein. Sie gibt jedoch einen Überblick über moderne Vermessungsinstrumente, die durch die Entwicklung der elektro-optischen Distanzmesser Winkel- und Streckenmessung in einem Instrument vereinen.

Für viele wertvolle Hinweise danke ich vor allem den Herren Professoren der Fachhochschulen, weiter den Herstellerfirmen geodätischer Instrumente für die Überlassung von Unterlagen und Bildern.

Nürnberg, im Juni 1993   Volker Matthews

Inhalt

4 Trigonometrische Höhenmessung

5 Tachymetrie

6 Ingenieur-Vermessungen

1 Distanzmessung

Für viele Aufgaben im Bau- und Vermessungswesen werden Längenmaße gebraucht, die örtlich zwischen zwei Punkten zu bestimmen oder abzustecken sind.

Über die einfache Längenmessung mit Bandmaßen sowie deren Überprüfung wird im Teil 1 berichtet. Es sind dort auch zulässige Abweichungen (Fehlergrenzen) bei Längenmessungen angegeben und praktische Hinweise zur Längenmessung mit Bandmaßen aufgeführt.

In diesem Abschnitt werden verschiedene Möglichkeiten der Längenmessung behandelt, die hinsichtlich des Instrumentariums und der Genauigkeit unterschiedlich sind, nämlich die

      optische Distanzmessung mit der Meßanordnung einer konstanten oder veränderlichen Basis im Ziel oder Standpunkt und die

      elektro-optische Distanzmessung.

Die optische Distanzmessung ist durch die elektro-optische Distanzmessung ersetzt worden. Da jedoch noch viele Instrumente und Geräte zur optischen Distanzmessung in der Praxis und an den Ausbildungsstätten vorhanden sind, wird diese kurz behandelt.

1.1 Optische Distanzmessung

Das Prinzip liegt in der Auswertung des parallaktischen Dreiecks (**1.1**). Aus dessen kurzer Basis b und dem parallaktischen Winkel γ wird die Strecke s errechnet

$$\tan \frac{\gamma}{2} = \frac{b}{2s}$$

$$s = \frac{b}{2 \tan \frac{\gamma}{2}} = \frac{b}{2} \cot \frac{\gamma}{2}$$

1.1   Parallaktisches Dreieck

Soll eine Strecke $s = 100\,\text{m}$ aus dem parallaktischen Dreieck mit einer Genauigkeit von $\pm 2\,\text{cm}$ bestimmt werden, so müssen die Basis $b = 2\,\text{m}$ auf $0{,}2\,\text{mm}$ oder der Winkel γ auf $0{,}13\,\text{mgon}$ genau gemessen sein. Es kommt also darauf an, b und γ mit größtmöglicher Genauigkeit zu ermitteln.

Die Entfernungen können unabhängig von Geländeschwierigkeiten (Behinderung durch den Straßenverkehr, Wasserläufe, Zäune, Schluchten, Moore usw.) gemessen werden, es ist nur die optische Sicht zwischen Stand- und Zielpunkt erforderlich. Für die Stückvermessung bedient man sich dann der Polarmethode.

Es gibt verschiedene Möglichkeiten, um Strecken optisch oder indirekt zu bestimmen. Die im Ziel oder im Standpunkt befindliche senkrechte oder waagerechte Basis kann konstant oder veränderlich sein; auch der parallaktische Winkel kann konstante oder veränderliche

Größe haben. Vielfach wird neben der Entfernung auch der Höhenunterschied zweier Punkte gemessen.

Man unterscheidet:

Basis	parallaktischer Winkel
1. senkrecht im Ziel und veränderlich (Nivellierlatte)	konstant (Strichdistanzmessung)
2. senkrecht im Ziel und veränderlich (Nivellierlatte oder Speziallatte)	veränderlich (Reduktionstachymeter)
3. waagerecht im Ziel und konstant (Basislatte)	veränderlich (Winkelmessung mit Theodolit)
4. waagerecht im Standpunkt und veränderlich	konstant (Basis-Distanzmesser)

1.1.1 Strichdistanzmessung

Die Strichkreuze der Nivellierinstrumente und Theodolite haben parallel zum Horizontalstrich im Abstand $\frac{p}{2}$ noch zwei Distanzstriche (**1.2**)[1]. Diese legen den parallaktischen Winkel γ (**1.3**) fest.

Ein Theodolit, der mit einer Einstellung alle Angaben zum Bestimmen von Richtung, Entfernung und Höhenunterschied eines angezielten Punktes liefert, heißt Tachymeter-Theodolit[2].

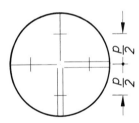

1.2   Strichkreuz mit Distanzstrichen

Im Ziel wird eine Nivellierlatte senkrecht aufgestellt und bei waagerechter Sicht der Lattenabschnitt l als Differenz der durch die Distanzstriche gegebenen Ablesungen l_o und l_u bestimmt. Nach Bild **1.3** findet man die Proportion

$$p : f = l : (s - c) \quad \text{und daraus}$$

$$s = c + \frac{f}{p} \cdot l = c + k \cdot l$$

c heißt Additionskonstante, $k = \dfrac{f}{p}$ ist die Multiplikationskonstante.

---

[1] Nach einem Prinzip von Reichenbach (1772 bis 1826), dessen älteste Form je eine Okulareinsicht für den oberen und unteren Faden hatte.
[2] Tachymeter (griech.) = Schnellmesser.

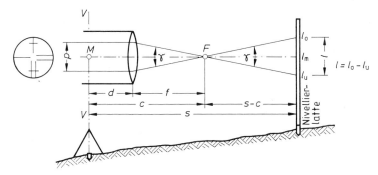

1.3   Strichdistanzmessung (schematisch)

Der Brennpunkt F des Objektivs ist der Scheitel des parallaktischen Winkels und heißt anallaktischer (nicht wandernder) Punkt. Liegt der anallaktische Punkt in der Umdrehungsachse des Instrumentes, ist $c = 0$, was anzustreben ist. Bei dem Fernrohr mit beweglicher Einstellinse (Innenfokussierung) ist $k = \dfrac{f'}{p}$. Man nennt f' die äquivalente Brennweite des Systems, die sich beim Verschieben der Einstellinse verändert. Damit ändern sich auch k und der anallaktische Punkt F und somit c um geringe Beträge, die jedoch nur für kurze Entfernungen bis zu 10 m wirksam werden.

Den Abstand der Distanzstriche p wählt man zweckmäßig gleich einem Hundertstel der Objektivbrennweite:

$$p = \frac{f}{100}$$

Optik und Strichkreuze werden von den Herstellerfirmen so präzise gefertigt, daß die Forderungen $c = 0$ und $k = 100$ erfüllt werden. Damit wird dann die waagerechte Entfernung

$$s = 100 \cdot l$$

1.1.1.1 Geneigte Ziellinie und senkrechte Latte

Bei geneigter Ziellinie wird die schräge Distanz D bestimmt, die in die Waagerechte umzurechnen ist. Nach Bild **1.4** ist

$$s = D \cdot \sin z \text{ (bei } c = 0)$$

An der im Zielpunkt senkrecht aufgestellten Latte wird der Lattenabschnitt $l = l_o - l_u$ bestimmt; an einer durch M senkrecht zum Zielstrahl gedachten Latte wäre es l' mit der dazugehörigen schrägen Distanz

$$D = 100\, l'.$$

Mit dem Näherungswert $l' \approx l \cdot \sin z$ wird

$$D = 100\, l \cdot \sin z$$

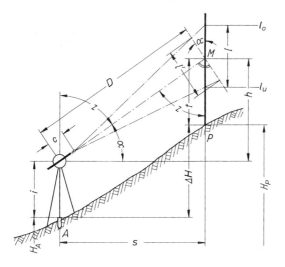

1.4 Strichdistanzmessung bei geneigter Ziellinie und senkrechter Latte

und damit die waagerechte Entfernung

$$s = 100\,l \cdot \sin^2 z$$

Bei Geländeaufnahmen ist auch die Höhe des Zielpunktes zu bestimmen (s. Abschn. 5 Tachymetrie). Aus Bild **1**.4 findet man

$$H_\mathrm{P} = H_\mathrm{A} + \Delta H$$
$$\Delta H = h + i - t$$

h = Höhenunterschied zwischen Kippachse des Theodolits und Lattenzielpunkt;

i = Instrumentenhöhe (Kippachsenhöhe); t = Zielhöhe .

$$h = D \cdot \cos z$$

und entsprechend vorstehender Entwicklung für die Entfernung

$$h = 100\,l \cdot \sin z \cdot \cos z = 100\,l \cdot \frac{1}{2} \cdot \sin 2z$$
$$h = 50\,l \cdot \sin 2z$$

Die Berechnungen können einfach mit einem elektr. Rechner erfolgen.

Die Genauigkeit der Strichdistanzmessung liegt für 100 m bei $\pm 0{,}30$ m; der Höhenfehler für 100 m bei $\pm 0{,}10$ m. Die Fehler sind von vielen Faktoren abhängig. Die Strichdistanzmessung wird vorwiegend für topographische Aufnahmen angewandt. Beispiele hierzu s. Tafel **5**.3 und **5**.7.

1.1.2 Reduktionstachymeter

Bei dem Strichdistanzmesser müssen die gemessenen Längen in die Waagerechte reduziert und die Höhenunterschiede berechnet werden. Das ist unwirtschaftlich und hinderlich. Es wurden deshalb Tachymeter entwickelt, mit denen die Horizontalentfernung und der

Höhenunterschied direkt bestimmt werden können. Die Ablesestriche sind hier Kurven, deren Abstände sich mit dem Neigungswinkel des Fernrohrs ändern und so die reduzierten Werte für s und h ergeben.

Die Latte steht senkrecht im Zielpunkt.

Die Reduktionstachymeter sind weitgehend durch elektronische Tachymeter ersetzt worden. Deshalb beschränken sich die Erläuterungen auf ein Beispiel.

Reduktionstachymeter Wild RDS (**1.**5)

Vertikalkreis und Diagrammkreis sind auf verschiedenen Seiten des Fernrohrs angebracht.

1.5   Reduktionstachymeter RDS (Wild)

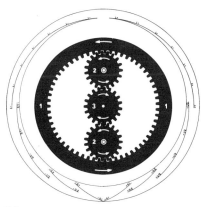

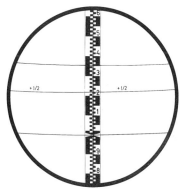

1.6
Planetengetriebe zur dreifachen Übersetzung der Kippung des Fernrohrs auf das Diagramm

1.7
Fernrohr-Gesichtsfeld des RDS (Wild)
Horizontalentfernung: $0{,}355 \times 100 = 35{,}5\,\text{m}$
Höhenunterschied: $+1/2 \times 21{,}8 = +10{,}9\,\text{m}$

Der Diagrammkreis wird über ein Planetengetriebe (**1**.6) beim Kippen des Fernrohrs in entgegengesetztem Sinn dreimal so schnell wie das Fernrohr gedreht, dadurch werden die Kurven des Diagramms im Gesichtsfeld sehr flach. Das Fernrohr ist mit dem Zahnkranz (1) fest verbunden, die Planetenräder (2) sind am Fernrohrträger befestigt. Bei Drehung des Fernrohrs dreht die Innenverzahnung des Zahnkranzes die Planetenräder dreimal so schnell. Diese drehen wiederum das mit dem Diagrammkreis fest verbundene Zahnrad (3) genauso schnell wie sie sich selbst drehen, jedoch in entgegengesetztem Sinn. Durch die Übersetzung zwischen Fernrohr und Diagrammkreis dreht sich der Diagrammkreis um 400 gon, wenn das Fernrohr um 100 gon gekippt wird.

Für die Distanzmessung gilt wieder die Konstante $k = 100$ (1 Lattenzentimeter = 1 m). Der abgelesene Lattenabschnitt für den Höhenunterschied (in Lattenzentimetern) ist mit den entsprechenden Werten der Kurven $\pm 0,1$, $\pm 0,2$, $\pm \frac{1}{2}$, ± 1 zu multiplizieren. Die Höhenkurven verlaufen immer zwischen Nullinie und Entfernungskurve (**1**.7). Für die Messung stellt man die Nullinie auf den Nullpunkt der Latte. Dieser befindet sich i. a. 1 m über dem Lattenanfang. Mit dem ausziehbaren Fuß der Latte läßt sich die Instrumentenhöhe einstellen.

Der Diagrammkreis ist nicht mit der Höhenindexlibelle verbunden, er kann nur mit den Fußschrauben gekippt werden. Deshalb ist auf eine scharfe Horizontierung zu achten. Die Winkel werden mit einem Skalenmikroskop mit 1 mgon Schätzung bestimmt.

Die Genauigkeit der Reduktionstachymeter ist etwas größer als die der Strichdistanzmesser. Als Standardabweichung für die Entfernung sind $\pm 0,1$ bis $\pm 0,2$ m auf 100 m und für die Höhe $\pm 0,1$ m zu erwarten.

Die Reduktionstachymeter sind Tachymetertheodolite und werden wie diese überprüft. Die Reduktionseinrichtung ist werksmäßig justiert. Bei einigen Instrumenten ist eine Berichtigung auch nur in der Werkstatt möglich. Man beachte bei der Überprüfung der Reduktionseinrichtung die Gebrauchsanleitungen der Herstellerfirmen.

1.1.3 Basislatte

Die waagerecht im Zielpunkt stehende Basislatte besteht aus einem Stahl- oder Leichtmetallrohr und ist zusammenklappbar oder zusammensteckbar. An beiden Enden sind je eine Zielmarke angebracht (**1**.8), deren Abstand von genau 2 m durch sinnvolle Anordnung von Invardrähten, Invarstäben, Quarzstäben usw., die je nach Hersteller verschieden sind, immer gleich gehalten wird. Der Steckzapfen nach DIN 18 719 wird in die Steckhülse des Dreifußes oder des Kugelfußes eingeführt.

1.8   2 m-Basislatte

Zum Ausrichten der Basislatte senkrecht zur Beobachtungsrichtung dient ein Diopter mit Kollimator. Das Diopter ist kippbar und wird auf das Instrument gerichtet. Der Kollimator (Sammellinse, Reflektor) ist mit ihm verbunden; beider Achsen laufen parallel. Bei richtiger Latteneinstellung senkrecht zur Ziellinie leuchtet im Kollimator ein Strich auf. So kann man vom Instrument aus die Lattenstellung überprüfen.

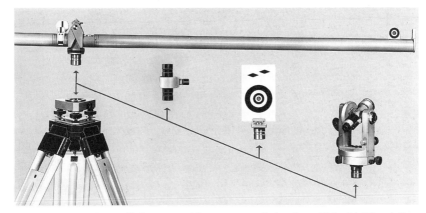

1.9   Basislatte mit Dreifuß, austauschbar gegen optisches Lot, Zieltafel, Theodolit

Mittels Dosenlibelle wird die Latte horizontiert. Die Basislatte ist gegen den Theodolit, gegen die Zieltafeln der Zwangszentrierung und gegen das optische Lot austauschbar (**1**.9).

Drei Forderungen sind zu erfüllen: Die beiden Lattenteile müssen genau fluchten; die Latte muß während der Messung genau horizontal und scharf senkrecht zur Meßrichtung stehen. Ein Knick der Latte kann nur vom Hersteller beseitigt werden. Das maximale Ausweichen aus der Horizontalen und der Meßrichtung darf 30 cgon nicht überschreiten.

Die Prüfung der Dosenlibelle geschieht wie beim Theodolit. Um das Diopter zu überprüfen, wird in einem Punkt S mit dem Winkelprisma oder mit dem Theodolit ein rechter Winkel mit den Punkten A und B abgesteckt (**1**.10), die Latte in S aufgestellt, die beiden Lattenenden auf Punkt A ausgerichtet und festgestellt, ob das Diopter auf Punkt B weist.

1.10   Prüfen des Diopters

1.11   Basis am Ende

1.1.3.1 Distanzmessung mit der Basislatte

Für die Winkelmessung wird eine Standardabweichung $m = \pm 0,3$ mgon gefordert, die mit Feinmeßtheodoliten bei 3 ... 4 Sätzen, mit Ingenieurtheodoliten bei 8 ... 10maliger Repetition zu erreichen ist. Je nach Länge der zu messenden Strecke gibt es unterschiedliche Meßanordnungen.

1. Längen bis 75 m
Die Basislatte steht am Ende der Strecke (**1**.11).

Die Länge der Strecke ist

$$s = \frac{b}{2} \cot \frac{\gamma}{2}$$

für die 2 m-Latte ist

$$\frac{b}{2} = 1 \qquad \text{und damit} \qquad s = \cot \frac{\gamma}{2}$$

Da mit dem horizontierten Theodolit (Stehachse senkrecht) Horizontalwinkel gemessen werden, ist dies bereits die waagerechte Entfernung.
Die Standardabweichung beträgt

$$m_s = \pm s^2 \frac{1}{b} \cdot \frac{m_\gamma}{\text{rad}}$$

Die Standardabweichung wächst mit dem Quadrat der Entfernung. Deshalb ist diese Meßanordnung nur bis 75 m anzuwenden.
Für $m_\gamma = 0,3$ mgon ist dann

$$m_s = \pm 2,4 s^2$$

m_s in cm s in 100 m (Hektometer)
Für $s = 75$ m ergibt sich

$$m_s = \pm 2,4 \cdot 0,75^2 = \pm 1,3 \text{ cm}$$

2. Längen von 75 m bis 150 m
Hier wird die Strecke unterteilt, die Latte etwa in der Mitte aufgestellt, und die Winkel γ_1 und γ_2 werden gemessen (**1.12**).
Es ist dann

$$s = \frac{b}{2} \left(\cot \frac{\gamma_1}{2} + \cot \frac{\gamma_2}{2} \right)$$

und für die 2 m-Latte

$$s = \cot \frac{\gamma_1}{2} + \cot \frac{\gamma_2}{2}$$

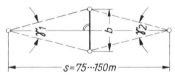

1.12   Basis in der Mitte

Die Standardabweichung ist

$$m_s = \pm s^2 \frac{1}{2,8 \, b} \cdot \frac{m_\gamma}{\text{rad}}$$

gleiche Meßgenauigkeit für γ_1 und γ_2 vorausgesetzt.
Diese Meßanordnung wird für Strecken zwischen 75 m und 150 m Länge angewandt. Bei $m_\gamma = 0,3$ mgon wird

$$m_s = \pm 0,84 s^2$$

Lange Strecken werden in mehrere Teilstrecken unterteilt und als Einzelstrecken gemessen.

1.1.3.2 Das Messen des parallaktischen Winkels

Mit dem Feinmeßtheodolit werden die Basisendmarken in nur einer Fernrohrlage in der Reihenfolge links, rechts, rechts, links angezielt; dies entspricht zwei Halbsätzen. Diese Messung ist mit geringfügig verstelltem Teilkreis zu wiederholen. Die Abweichungen zwischen den einzelnen Mitteln aus den Messungen sollen 0,6 mgon nicht überschreiten. Erforderlichenfalls ist eine weitere Messung vorzunehmen.

Beispiel. Eine Strecke wird mit einer 2 m-Basislatte und einem Feinmeßtheodolit im Hin- und Rückweg bestimmt. Der parallaktische Winkel wurde zweimal in Fernrohrlage I mit jeweils vier Zielungen (l, r, r, l) gemessen.

Tafel **1**.13 Vordruck und Beispiel der Streckenmessung mit Basislatte

| Instrument: .... | Latte: .... | | Wetter: bedeckt, schwacher Wind |
| Datum: .... | | | Gemessen durch: NN |

1	2	3	4	5			6			7	8	9
Standpunkt	Zielpunkt	Temp. °C	Marke	1. Messung		Mittel	2. Messung		Mittel	Gesamt-mittel	Strecke	Gesamt-strecke (Mittel)
				gon	0,1 mgon	0,1 mgon	gon	0,1 mgon	0,1 mgon	gon	m	m
A	B	12	l	12,1417	15	16	14,2368	70	69			
			r	13,8533	33	33	15,9486	84	85			
				1,7116	18	17	1,7118	14	16	1,7116	74,38	
B	A	12	l	74,5875	75	75	71,1725	27	26			
			r	76,2993	91	92	72,8846	44	45			
				1,7118	16	17	1,7121	17	19	1,7118	74,38	74,38

Die Einstellung der Lattenmarken ist zügig von einer Seite her, nicht pendelnd, auszuführen. Bei der zweiten Einstellung rechts ist neu zu koinzidieren. Die richtige Lattenstellung prüft man über den Kollimator vom Instrument aus.

Mit einem Ingenieurtheodolit wird der parallaktische Winkel in n-facher Repetition gemessen.

1.1.4 Basis-Distanzmesser

Sie werden vorteilhaft bei ingenieurtechnischen Vorarbeiten, topographischen Aufnahmen, Steinbruchaufnahmen, Flußvermessungen, geologischen und forstwirtschaftlichen Aufnahmen, also dort, wo es weniger auf große Genauigkeit sondern mehr auf schnelle und bequeme Messung ankommt, eingesetzt.

Als Beispiel sei der Basis-Distanzmesser TODIS von Breithaupt angeführt (**1**.14). Er besteht ähnlich wie ein Theodolit aus dem Unterteil, den Stützen, dem Basislineal mit Fernrohr und Prismenwagen und einer Vollkreisbussole. Die Horizontierung erfolgt über drei Fußschrauben mittels Dosenlibelle.

1.14   Basisdistanzmesser
TODIS (Breithaupt)

Auf dem 90 cm langen Basislineal, in dessen Mitte sich das Fernrohr mit Pentagonprismenkreuz befindet, sind zwei von der Mitte nach den Basisenden zu verschiebbare Prismenkästen angeordnet, die je ein Prisma mit vorgestecktem Meßkeil enthalten. Die auswechselbaren Meßkeile (1:100, 200, 500) für den Meßbereich 20 bis 400 m lassen eine Meßgenauigkeit von 0,1 bis 1 % der Streckenlänge zu. Der Horizontalkreis ist auf 2 cgon, der Vertikalkreis auf 1 dgon abzulesen.

Zur Messung wird das Ziel (Fluchtstab, Hauskante) so eingestellt, daß das Bild im Fernrohr längs der horizontalen Trennlinie gegeneinander versetzt erscheint. Durch Verschieben der Prismen auf dem Basislineal werden die beiden Halbbilder zur Koinzidenz gebracht. Die Summe der Ablesungen für beide Prismen ist mit der Konstanten der Distanzkeile (z. B. 100) zu multiplizieren. Dies ist die schräge Distanz, die in die Waagerechte umzurechnen ist.

1.2 Elektro-optische Distanzmessung

Die elektro-optische Distanzmessung hat die klassischen Längenmeßverfahren weitgehend abgelöst. Die elektro-optischen Distanzmesser geben nach Einstellung des Fernrohres auf einen Reflektor, mit dem ein bestimmtes Ziel bezeichnet wird, direkt die schräge oder die waagerechte Distanz digital an. Dabei wird der elektro-optische Distanzmesser in der Regel mit einem elektronischen Theodolit verbunden oder mit einem solchen fest zum elektronischen Tachymeter integriert. Die praktische Handhabung ist denkbar einfach. Die folgende, bewußt kurz gehaltene Ausführung über die Technik der elektro-optischen Distanzmessung soll nur den Grundgedanken aufzeigen. Für das weitergehende Studium sei auf die entsprechende Literatur [1]) hingewiesen.

Man bedient sich bei der elektro-optischen Distanzmessung elektromagnetischer Wellen als Informationsträger zwischen den Endpunkten der Strecken. Das Licht als Wellenträger wird hierbei gebündelt und vom Sender auf den Reflektor am Endpunkt der Strecke gerichtet, der das einfallende Licht parallel zurückwirft. Sender und Empfänger sind in einem Gerät untergebracht. Eine Batterie dient als Stromquelle.

---

[1]) Joeckel/Stober: Elektronische Entfernungs- und Richtungsmessung. 2. Aufl. Stuttgart 1991.

Die Entwicklung der elektro-optischen Distanzmessung, die mit den Fortschritten auf dem Gebiet der Bestimmung der Lichtgeschwindigkeit eng verbunden ist, verlief sehr stürmisch. Von den Glühlampen über die Quecksilberhöchstdrucklampen, die Xenon-Röhren und die Argon-Zirkon-Bogenlampen bis zum Gaslaser spannt sich der weite Bogen.

Für die zunächst mit Röhren ausgerüsteten Geräte, die kompakt und schwer waren, wurden hohe Spannungen und Leistungen benötigt, die mit der Entwicklung des Transistors erheblich verringert werden konnten und somit den Bau der elektro-optischen Distanzmesser entscheidend beeinflußten. Die Elektronik der Geräte wurde erheblich verkleinert. Hinzu kam die Weiterentwicklung der Halbleitertechnik und damit die Fertigung von Lumineszenzdioden aus Gallium-Arsenid, deren Strahlung durch die Hochfrequenz mit geringer Spannung gesteuert werden kann.

Mit der Technik der Sende- und Empfangsdioden wurden nunmehr relativ kleine und leichte Geräte zur elektro-optischen Distanzmessung entwickelt. Die Reichweite dieser Geräte ist auf einige Kilometer beschränkt; man spricht deshalb von Nahbereichsdistanz-messern[1]), die die Ausführung der Längenmessung weitgehend bestimmen.

Der Grundgedanke bei der Phasen-Distanzmessung mit Licht als Träger, nach der die meisten elektronischen Distanzmesser arbeiten, beruht auf der Phasendifferenzmessung zwischen der Phasenlage eines ausgesandten und der des reflektierten Lichtsignals. Als Lichtsender dient eine Gallium-Arsenid(GaAs)-Diode, die bei Anlegen einer Spannung von wenigen Volt eine Lumineszenz-Strahlung abgibt. Die Strahlung liegt im Infrarot-bereich ($\lambda = 900$ nm) und kann mit den Frequenzen[2]) 15 MHz und 150 kHz moduliert werden. Am Ende der Strecke wird ein Reflektor aufgestellt, der das Lichtsignal zurückwirft.

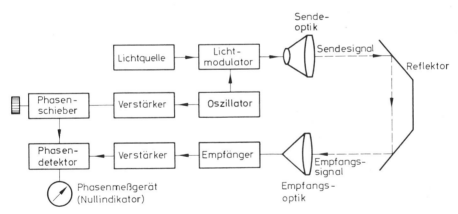

1.15 Prinzip der elektro-optischen Phasendifferenzmessung

Bild **1.15** zeigt das Prinzip der elektro-optischen Phasendifferenzmessung. Der durch einen Oszillator (Schwingungskreis) gesteuerte Lichtmodulator moduliert den von der Lichtquelle kommenden Lichtstrom so, daß dessen Stärke je nach Anlegen einer

---

[1]) Auf die weitreichenden elektro-optischen Distanzmeßgeräte (Mikrowellen-Distanzmesser) wird hier nicht eingegangen.
[2]) Eine Frequenz ist die Zahl der Schwingungen je Sekunde, gemessen in Hertz (Hz).

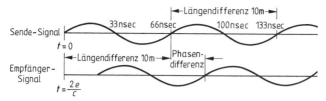

1.16 Messung des Phasenunterschiedes bei der Frequenz 15 MHz

elektrischen Spannung zu oder abnimmt. Von der Sendeoptik ausgerichtet, gelangt das Sendesignal zum Reflektor, von dem es als Empfangssignal über die Empfangsoptik zum Empfänger zurückläuft und mit einer Photodiode in ein elektrisches Signal zurückverwandelt und zu einem Phasendetektor weitergeleitet wird. Gleichzeitig wird vom Oszillator das Referenzsignal mit gleicher Frequenz an den Phasendetektor gegeben. Das Meßsignal und das Referenzsignal werden nicht phasengleich sein. Die Phasendifferenz (**1.16**) beider Signale ist das gesuchte Meßergebnis. Es wird gefunden, indem die Phasenlage des ausgesandten Signals mittels des Phasenschiebers so verschoben wird, bis das Galvanometer des Phasendetektors (Nullindikator) Null zeigt. In diesem Fall befindet sich der Reflektor genau in 10 m-Abständen.

Es ist $c = f \cdot \lambda$

c = Signalgeschwindigkeit [1]) (Lichtgeschwindigkeit im lufterfüllten Raum)
f = Frequenz λ = Wellenlänge (Periode)
und damit

$$\lambda = \frac{c}{f}$$

Wenn nun das Signal vom Sender zum Reflektor und zurück läuft, ist die doppelte Schrägdistanz $2D$ gleich der Anzahl a ganzer Wellenlängen (Phasen) plus der Phasendifferenz $\Delta\varphi$ als dem Rest der Strecke.

$$2D = a \cdot \lambda + \Delta\varphi \cdot \lambda \qquad \text{und} \qquad D = a \cdot \frac{\lambda}{2} + \Delta\varphi \cdot \frac{\lambda}{2}$$

Das Licht legt bei der Frequenz 15 MHz während einer Periode eine Entfernung von $\frac{300 \cdot 10^6}{15 \cdot 10^6} = 20$ m zurück, oder, wenn man Hin- und Rückweg des Lichtes berücksichtigt, entspricht eine Periode einer Längendifferenz von 10 m (**1.16**).
Wird eine Genauigkeit der Messung von 1 cm gefordert, ist eine Phasenmessung 1:1000 erforderlich. Weiter wird mit der Frequenz 150 kHz bestimmt, wievielmal die zu messende Strecke die Länge 10 m enthält.

---

[1]) Die Lichtgeschwindigkeit im Vakuum beträgt $c_0 = 299\,792\,\frac{\text{km}}{\text{s}}$. Unter Berücksichtigung des Brechungsindex ist $c = \frac{c_0}{n}$. Der Brechungsindex von Luft gegen Vakuum ist 1,00028.

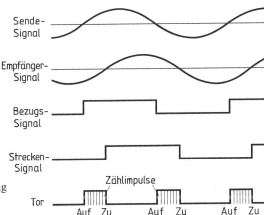

1.17 Prinzip der digitalen Phasenmessung
(Umformung der sinusförmigen
Signale in Rechtecksignale)

Die elektronischen Nahbereichs-Distanzmesser zeigen die gemessene Strecke digital an.
Bei dem Verfahren der digitalen Phasenmessung werden die sinusförmigen Nieder-
frequenzsignale durch Schmitt-Trigger[1]) in Rechtecksignale umgeformt (**1**.17).

In Bild **1**.17 entsprechen die Flanken des Bezugssignals den Durchgängen des Sinussignals durch die Symmetrielinie des Sendesignals und die Flanken des Streckensignals
den Durchgängen des Sinussignals durch die Symmetrielinie des Empfängersignals.

An der linken Flanke des Bezugssignals wird ein Tor geöffnet, das gleichabständige
Impulse einlaufen läßt, bis die linke Flanke des Streckensignals das Tor wieder schließt.
Wenn die Impulsfrequenz 15 MHz beträgt, bleibt das Tor über eine volle Periode des
Rechtecksignals geöffnet, sofern die zu messende Strecke 10 m beträgt. Da die Impulsfrequenz mit 15 MHz 1000mal höher ist als die der Rechtecksignale, laufen 1000 Impulse
in dieser Zeit in den Zähler ein, womit bei dem Maßstab von 10 m Länge die Zentimetergenauigkeit erreicht wird.

Je nach der Länge der zu messenden Strecke werden ein Reflektor (Prisma) oder mehrere
Reflektoren (Prismen) am Endpunkt aufgestellt. Die Reflektoren, die aus hochwertigem
optischen Glas bestehen, reflektieren den Sendestrahl zum Empfänger zurück. Bei der
Polygonierung ist der Reflektor auf ein über dem Zielpunkt (Polygonpunkt) zentriertes
Stativ aufzusetzen. Beim Fortschreiten der Messung werden Reflektor und elektronisches
Tachymeter ausgetauscht (Zwangszentrierung). Für die Stückaufnahme und für die
Absteckung empfiehlt sich ein Prismenhalter mit Stab oder ein Reflektorstativ, mit dem
das Prisma schnell und genau über dem Bodenpunkt aufzustellen ist. Das Gebäudeprisma
ermöglicht die direkte Streckenmessung zu Gebäudekanten.

Die elektro-optische Distanzmessung kann auch zu reflektorlosen Punkten auf einer
natürlichen Oberfläche erfolgen. Die Messung ohne Reflektor geschieht durch
Bestimmen der Lichtlaufzeit von Laserimpulsen zum Zielpunkt und zurück. Innerhalb
von Sekundenbruchteilen wird das Ergebnis als Mittelwert einer großen programmier-
baren Menge solcher Einzelpuls-Messungen angegeben. Die Reichweite dieser reflektorlosen Messung liegt zwischen 250 und 1000 m je nach Instrument.

---

[1]) Nach dem amerikanischen Elektro-Ingenieur Schmitt. Trigger werden elektronische Schalter
genannt, die stetige elektrische Signale, wie die sinusförmigen Modulationswellen, in Rechtecksignale umwandeln.

1.2.1 Elektro-optische Distanzmesser für den Nahbereich

Dies sind elektronische Distanzmesser, die als Soloinstrument oder auf einem Theodolit adaptierbar einzusetzen sind, oder mit einem elektronischen Theodolit fest verbunden ein elektronisches Tachymetersystem bilden. Die in diesem Buch behandelten Vermessungen beschränken sich auf Entfernungen weniger Kilometer, sie werden in der Mehrzahl 1000 m kaum überschreiten. Deshalb werden nur Nahbereichsentfernungsmesser besprochen, deren Reichweite etwa 2–5 km beträgt.

Die auf einen Theodolit aufsetzbaren elektro-optischen Distanzmesser sind relativ klein und leichte Geräte. Sie werden entweder auf das Theodolit-Fernrohr aufgeschoben oder mittels eines Adapters auf die Fernrohrträger montiert. Der elektronische Distanzmesser wird mit dem Fernrohr gekippt, wenn er mit diesem verbunden ist. Die Ziellinie und der Strahlengang des Distanzmessers sind dann parallel; für die Distanz- und Winkelmessung ist nur eine Zielung erforderlich. Nach dem Baukastensystem können elektronische Distanzmesser mit optischen oder elektronischen Theodoliten zu einem Tachymetersystem kombiniert werden.

Die Messung läuft automatisch ab und das Ergebnis wird digital angezeigt. Bei der Verbindung des Distanzmessers mit einem optischen Theodolit erfolgt die Reduzierung der schräg gemessenen Distanz in die Horizontale und die Berechnung des Höhenunterschiedes nach dem Eingeben des gemessenen Vertikalwinkels in einen Rechner. Bei der Übertragung der gemessenen Schrägdistanz zum elektronischen Theodolit führt der Mikroprozessor des Theodolits alle Reduktionen und Korrekturen automatisch aus und zeigt die Horizontaldistanz und den Höhenunterschied digital an. Auch wird der Meßwert der Distanz bei Absteckungsarbeiten und somit beim Verschieben des Reflektors laufend neu angezeigt (Tracking).

Als Beispiel sei die Wild DISTOMAT-Baureihe (Leica) genannt, die aus drei elektronischen Distanzmessern DI 1001, DI 1600 und DI 2002 mit unterschiedlicher Genauigkeit und Reichweite besteht. Die Distanzmesser sind leicht an Gewicht und einfach mit den optischen und elektronischen Leica-Theodoliten kombinierbar.

Der Nahbereichsdistanzmesser DI 1001 (**1.18**) wird für Distanzen bis 1300 m eingesetzt. Nach Tastendruck wird die Schrägdistanz im Display angezeigt. In Verbindung mit einem optischen Theodolit wird nach Eingabe des Vertikalwinkels in eine Zusatztastatur Wild GTS 5 die Horizontaldistanz angegeben. Bei der Kombination des Distanzmessers

1.18   Elektro-optischer Distanz-
        messer DISTOMAT DI 1001
        (Leica)

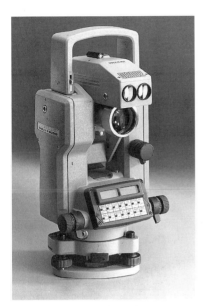

1.19   Elektro-optischer Distanzmesser
DISTOMAT DI 2002 auf elek-
tronischem Theodolit T 1000 (Leica)

1.20   Einprismenhalter GPH 1 A auf
Dreifuß und Stativ

mit einem elektronischen Theodolit wird die gemessene Schrägdistanz automatisch zum
elektronischen Theodolit übertragen und über dessen Mikroprozessor werden alle
Reduktionsrechnungen und Korrekturen ausgeführt. Horizontaldistanz und Höhenunterschied können am Theodolit angezeigt werden. Die Genauigkeit liegt bei ± 10 mm
für 1000 m.

Bild **1**.19 zeigt den elektronischen Distanzmesser DI 2002 kombiniert mit dem elektronischen Theodolit T 1000. Das Fernrohr ist bei aufgesetztem Distanzmesser durchschlagbar. Mit der farbcodierten Tastatur werden alle Funktionen vom Bedienungsfeld gesteuert. Die gemessene Schrägdistanz wird automatisch in die Waagerechte reduziert.
Der DISTOMAT DI 2002 zeigt die Distanz auf 0,1 mm an mit einer Standardabweichung
von 1 mm + 1 mm/km. Er wird für Messungen höchster Genauigkeit eingesetzt. Mit
einem Prisma sind Entfernungen bis 2,5 km, mit 11 Prismen bis 5 km zu messen.

Für die Besetzung der Zielpunkte ist für die elektronischen Entfernungsmesser der
Baureihe DISTOMAT der Einprismenhalter GPH 1 A (**1**.20) bestimmt, der aus einer
gabelförmigen Stütze mit einer darin klappbaren Zieltafel mit einem Rundprisma besteht.

Der Abstand zwischen Zielmarke und Prisma entspricht dem Abstand zwischen Ziellinie
des Theodolits und der Achse des DISTOMATs. Somit ist für die Winkel- und
Distanzmessung nur eine Zielung erforderlich. Der Prismenhalter kann auf den Reflek-
torträger, den Lotstock und das Reflektorstativ aufgesteckt werden.

1.21   Alphanumerisches Datenterminal
Wild GRE 4a (Leica)

Die Datenerfassungs- und Registriergeräte Wild GRE 4n und GRE 4a (**1.**21) stellen die Verbindung vom Feld zum Büro her. Sie sind mit allen Wild Theodoliten und Distanzmessern einsetzbar. Es können Daten registriert, gespeichert, berechnet und weiterverarbeitet werden. Beide Datenterminals sind identisch bis auf die Dateneingabemöglichkeit, die numerisch oder alphanumerisch erfolgt. Bei der Verbindung mit elektronischen Theodoliten und Distanzmessern erfolgt die Datenübertragung automatisch; in Verbindung mit optischen Theodoliten wird die Dateneingabe manuell vorgenommen.

Mit dem GRE 4 kann die von Leica angebotene Sammlung von Vermessungsprogrammen PROFIS eingesetzt werden. Im GRE 4 ist ein Basic-Modul integriert. Somit können auch in Basic geschriebene Programme eingelesen werden.

Auch das REC-Modul Wild GRM 10 bietet eine einfache Möglichkeit zur Datenregistrierung. Es ist klein und wird in die elektronischen Wild Theodolite und Tachymeter eingeschoben.

In der Ingenieur-Vermessung stellen sich vielfach Aufgaben, in denen unzugängliche Punkte als Ziel nicht mit einem Reflektor besetzt werden können. Hier bietet sich die Distanzmessung ohne Reflektor an. Der Distanzmesser DISTOMAT DIOR 3002 mißt Distanzen nach dem Laufzeitmeßverfahren. Hierbei wird die Zeit gemessen, die ein Lichtpuls vom Distomat zum Ziel und zurück benötigt. Die Distanz wird aus vielen hundert Einzelmessungen innerhalb Sekundenbruchteilen ermittelt. Der Distanzmesser ist auf alle optischen und elektronischen Wild Theodolite aufsetzbar; eine optimale Kombination ergibt sich mit dem elektronischen Theodolit T 1010 und dem Datenterminal GRE 4 oder dem Feldcomputer GPC 1. Je nach Oberflächenstruktur des Zieles und der Helligkeit des Umfeldes können Distanzen bis 350 m mit einer Genauigkeit von 5 bis 10 mm gemessen werden.

Die PULSAR-Distanzmesser gestatten ebenfalls eine direkte, reflektorlose Distanzmessung auf natürliche Ziele; es sind gepulste elektronische Infrarot-Distanzmesser. PULSAR wird als Soloinstrument mit einem Dreifuß auf einem Stativ montiert oder mittels Adapter auf die Fernrohrträger eines Theodolits aufgesetzt. Als Aufsetzinstrument arbeitet PULSAR als eigenständiger Distanzmesser. Es werden PULSAR-Instrumente zur reflektorlosen Distanzmessung für verschiedene Reichweiten (bis zu 1000 m) angeboten.

Die Anwendung der Distanzmessung ohne Reflektor bietet sich an bei der Vermessung von Steinbrüchen, bei der Aufnahme von Einzelpunkten in Tunnels, bei Fassaden- und Gebäudemessungen, bei Innenraummessungen, bei der Einmessung unzugänglicher Punkte an Pfeilern, Brücken, Felswänden usw.

1.2.2 Elektronische Tachymeter

Distanzmesser und elektronischer Theodolit sind bei einem elektronischen Tachymeter fest miteinander verbunden und in einem Gehäuse untergebracht. Diese Instrumente können sowohl für Winkelmessungen allein als auch für Winkel- und Distanzmessungen eingesetzt werden. Tachymeter können nach vergleichbaren Kriterien wie Theodolite unterteilt werden (s. Teil 1).

Viele elektronische Tachymeter sind mit Mikroprozessoren und Verarbeitungssoftware ausgestattet. Damit werden vielfältige Möglichkeiten der Verarbeitung der gemessenen Winkel und Distanzen vor Ort möglich. Diese Instrumente haben inzwischen bei der Bearbeitung vermessungstechnischer Aufgaben für den Bau- und Vermessungsingenieur große Bedeutung. Dies gilt auch für Arbeiten im Rahmen der Bauaufnahme im Bereich der Architektur. Eine Zusammenstellung elektronischer Tachymeter befindet sich im Anhang.

Bei den elektronischen Ingenieur- und Bautachymetern Elta 4 und Elta 5 von Zeiss (**1**.22) ist der elektronische Distanzmesser mit dem elektronischen Ingenieur- und Bautheodolit vereint. Das Fernrohr hat ein aufrechtes Bild und ist in zwei Lagen über das Objektiv durchschlagbar. Die Batterie ist im Theodolitgehäuse untergebracht. Richtungs- und Streckenmessung sind mit einer Zielung auszuführen, da das Fernrohrobjektiv auch für das Senden und Empfangen des Rotlichtes für die Distanzmessung dient. Temperatur und Luftdruck werden automatisch erfaßt.

Die Winkelmessung beruht auf dem Prinzip der inkrementalen Kreisabtastung. Die dabei erzeugten Impulse werden von dem Mikroprozessor verarbeitet und in den Anzeigefenstern als Winkel digital auf der Vorder- und Rückseite des Instrumentes angezeigt. Darüber hinaus stehen Rechenprogramme für Bauvermessungen zur Verfügung: Koordinatenberechnung von Neupunkten – dies können auch exzentrische Punkte sein –, freie Stationierung. Absteckung nach Koordinaten, Spannmaßberechnungen, Bestimmung des Punktabstands von Geraden, indirekte Höhenbestimmung und Punktbestimmung in Vertikalebenen.

Die Programmsteuerung erfolgt über drei Tasten: Ein- bzw. Ausschalten, Wahl des Meßprogramms. Die Anzeige führt den Benutzer problemlos an die Bedienung heran. Über den Mikroprozessor erfolgt eine Korrektur der ursprünglichen Kreisablesungen von Einflüssen der Kreisexzentrizität, des Ziellinien- und des Indexfehlers nach Messung in zwei Fernrohrlagen.

1.22   Elektronisches Ingenieur- und Bautachymeter Elta 4 (Zeiss)

Der eindeutige Meßbereich der elektronischen Entfernungsmessung liegt allgemein bei 15 km; beim Einsatz von einem Prisma bei etwa 1000 bis 1500 m. Die Genauigkeit der Längenmessung ist $\pm 3\,\mathrm{mm} + 2 \cdot 10^{-6}\,D$.

Je größer die zu messende Entfernung ist, um so mehr Prismen sind als Reflektor erforderlich. Bild **1**.23 zeigt den kippbaren Reflektor KTR 1 (Zeiss). Im Bild **1**.24 ist der Reflektor in Kombination mit 3 Prismen abgebildet.

1.23 Reflektor KTR 1 (Zeiss). Über ein Gewinde kann der Reflektor mit einem Prismenstab verbunden werden. Mit einem zusätzlichen Adapter ist ein Aufsetzen auf einen Dreifuß mit Stativ (Zwangszentrierung) möglich

1.24 Der Reflektorhalter KTR 1 (Zeiss) kann mit Hilfe von Traversen mit zusätzlichen Reflektoren ausgerüstet werden.

Um den Aufschrieb der Meßdaten in ein Feldbuch zu ersparen, sind elektronische Feldbücher zur automatischen Erfassung und Übertragung der Daten an Rechner oder sonstige Peripheriegeräte entwickelt worden. Das elektronische Feldbuch Zeiss REC 200 (**1**.25) stellt bei der Verwendung als Handeingabegerät die Verbindung der nicht

registrierenden Instrumente zu modernen Datenverarbeitungssystemen her. Die Meßwerte werden hierbei eingetippt und registriert. Die Stromversorgung erfolgt durch eine einsteckbare Batteriekassette.

1.25
Elektronisches Feldbuch Rec 200 (Zeiss) zur automatischen Erfassung der Meßdaten

Durch die Standardschnittstelle kann das Rec 200 jedoch auch direkt mit elektronischen Tachymetern, welche den entsprechenden Anschluß besitzen, durch ein Kabel verbunden werden. Jetzt erfolgt die Registrierung der Meßdaten automatisch. Zusätzliche numerische Informationen können manuell eingegeben werden. Das Rec 200 wird beim Anschluß an ein Elta aus der Batterie des Meßinstrumentes gespeist. Damit der Dokumentencharakter des Feldbuches gewahrt bleibt, können gespeicherte Datenzeilen weder gelöscht noch verbessert werden. Eine Fehlbedienung wird durch Fehlmeldung angezeigt. Die Datenzeilen werden fortlaufend mit einer Adresse, die bei 001 beginnt, versehen. Als Beispiel sei je eine Zeile für nicht reduzierte und reduzierte Meßwerte aufgeführt:

Datenzeile für nicht reduzierte Meßwerte

Adresse	Kennzifferblock	Schrägdistanz	Horizontalrichtung	Zenitwinkel
187	20 14127 1000356	214,246	236,785	102,346

Datenzeile für reduzierte Meßwerte

Adresse	Kennzifferblock	Horizontalstrecke	Horizontalrichtung	Höhen-unterschied
188	20 14127 1000357	214,101	236,785	−7,893

Die gespeicherten Daten können über die im Rec 200 eingebaute Schnittstelle in Rechner oder andere Peripheriegeräte zur weiteren Auswertung übertragen werden.

Das elektronische Feldbuch Zeiss Rec 500 (**1.26**) läßt einen zweigleisigen Datenverkehr mit Rechnern und Peripheriegeräten zu, d.h. daß eine Datenübertragung in den Rechner und eine Datenübernahme aus dem Rechner jeweils über RS 232/V 24 Schnittstelle möglich ist. Dieses Feldbuch war ursprünglich ein Registrier- und Rechenmodul. Heute ermöglicht eine umfangreiche Software weitläufige Einsatzbereiche. Es gibt Programme für die Eingabe von Projektdaten, Messung und Registrierung von Daten und deren Übertragung, für Messungen – auch koordinatenbezogene – und für viele vermessungstechnische Berechnungen.

Das elektronische Ingenieur-Tachymeter Elta 3 von Zeiss, das äußerlich dem Elta 4 gleicht, vereinigt den elektronischen Ingenieur-Theodolit mit dem elektronischen

1.26   Elektronisches Feldbuch Rec 500 (Zeiss)

Entfernungsmesser. Das für das Elta 4 Gesagte gilt auch hier. Die hervorzuhebende Eigenschaft ist die Winkelmessung mit automatischer Kompensation der Stehachsneigung. Der Zweiachskompensator erfaßt die Stehachsneigung in Ziel- und Kippachsrichtung. Daraus berechnet der Mikroprozessor die Korrekturwerte für die Horizontal- und Vertikal-Kreisablesung; auch können Neigungen angezeigt und zur Horizontierung verwendet werden.

Die Reichweite der Längenmessung ist beim Einsatz eines Reflektors 1600 m.

1.2.3 Computer-Tachymeter

Der Zusammenschluß der verschiedenen elektronischen Geräte (elektronischer Theodolit, elektronischer Distanzmesser, elektronisches Feldbuch) mit der Koppelung eines elektronischen Rechners für die interne Registrierung und Berechnung hat zu Computer-Tachymetern geführt. In einem Instrument ist ein kompaktes Meß- und Rechensystem mit einem übersichtlichen Programmangebot mit einer großen Anzahl von Möglichkeiten zur Messung, Rechnung, Kontrolle und Registrierung untergebracht.

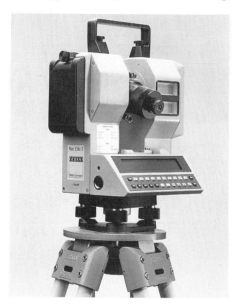

Als Beispiel sei die E-Baureihe von Zeiss genannt, die durch die Computer-Tachymeter Rec Elta 2, 3, 4 und 5 (**1**.27) komplettiert wird. Eine übersichtliche Tastatur mit großem Bildschirm, eine Programmkonzeption mit praktischen Anwendungen und die Möglichkeit des Datentransfers zeichnen diesen Instrumententyp aus. Mit dem austauschbaren Speicher Mem E wird die Datenregistrierung gewährleistet. Die gespeicherten Daten werden dann im Büro direkt vom Instrument oder über den Datenumsetzer Dac E dem Rechner zugeführt.

Eine Übersicht der Computer-Tachymeter ist im Anhang zu finden.

1.27   Computer-Tachymeter Rec Elta 3 (Zeiss)

1.2.4 Additionskonstante, Justieren elektronischer Tachymeter

Für die mit elektro-optischen Distanzmessern ermittelte Distanz gilt

$$D' = c_k + k \cdot D$$

Hierin ist c_k eine Additionskonstante, k eine Multiplikationskonstante und nach Abschn. 1.2

$$D = a \frac{\lambda}{2} + \Delta\varphi \frac{\lambda}{2}.$$

Da die Wellenlänge $\lambda = \dfrac{c}{f}$ von der Lichtgeschwindigkeit c und der Frequenz f abhängig ist, kommt es darauf an, die Frequenz stabil zu halten. Dies gelingt auch instrumentell sehr gut, so daß für die hier behandelten Vermessungen die Multiplikationskonstante $k = 1$ vorausgesetzt werden kann.

Eine Überprüfung kann im Labor mit einem Frequenzprüfer erfolgen.

Nun werden bei einer örtlichen Messung der Nullpunkt des elektro-optischen Distanzmessers und der Nullpunkt des Reflektors (Reflexionspunkt) nicht genau über dem jeweiligen Streckenendpunkt liegen. Dies ergibt die Additionskonstante c_k. Sie wird in der Regel über eine Tastatur eingegeben, in einem Permanentspeicher abgelegt und bei der Meßwertanzeige automatisch berücksichtigt. Die Prismenkonstante beträgt z. B. für Zeiss-Reflektoren 35 mm.

Eine einfache Überprüfung ist möglich, indem eine Strecke unterteilt wird und die Gesamtstrecke sowie die Teilstrecken gemessen werden. Unter der Voraussetzung, daß die Multiplikationskonstante $k = 1$ ist, ergibt sich nach Bild **1**.28

$$c_k + D = c_k + D_1 + c_k + D_2$$
$$c_k = D - (D_1 + D_2)$$

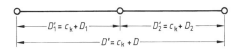

1.28   Bestimmen der Additionskonstante eines elektro-optischen Entfernungsmessers

Die Forderung, daß bei dem elektronischen Tachymeter der Entfernungsmeßstrahl parallel zur Ziellinie verläuft, muß regelmäßig überprüft werden. Wenn bei zentrischer Anzielung des Reflektors kein Signal empfangen wird, ist diese Forderung nicht erfüllt. Mit den Justierschrauben des Entfernungsmessers kann der Entfernungsmeßstrahl vertikal und horizontal verschoben werden, bis ein „Signal-Maximum" eintritt.

Die Ziellinienverbesserung und die Indexverbesserung des Vertikalkreises werden jeweils durch Messung in beiden Fernrohrlagen bestimmt, registriert und bei späteren Messungen automatisch angebracht. Ist das Instrument mit einem Kompensator zur Berücksichtigung einer geringen Stehachsneigung an der Horizontal- und Vertikalkreisablesung ausgerüstet, sollte vor genauen Höhenmessungen eine Spielpunktbestimmung des Kompensators erfolgen.

1.3 Das Messen mit elektronischen Tachymetern

Der Einsatz der elektronischen Tachymeter ist universell. Unabhängig vom Verkehr und in optimaler Ausnutzung der Topographie kann die Standpunktwahl des Instrumentes getroffen werden. Die Meßergebnisse werden direkt im Display des Instrumentes angezeigt. Lediglich der Zielpunkt ist mit einem Reflektorprisma zu besetzen, es sei denn, daß die reflektorlose Distanzmessung auf natürliche Ziele ausgeführt wird.

Der Aufbau des Instrumentes in der Örtlichkeit, die Horizontierung mittels Libelle, die Zentrierung mittels Schnurlot, optischem Lot oder Zentrierstab ist wie beim Theodolit vorzunehmen.

In Anlehnung an die Betriebsanleitung der Zeiss-Instrumente erscheinen nach Einschalten des Instrumentes im Display die Angaben der Maßeinheit der Distanzmessung (Meter), die Angabe der Winkel (gon) und die Angabe des Vertikalkreises (Zenitwinkel). Sodann wechselt die Anzeige auf die Daten der Temperatur und des Luftdruckes. Anschließend werden Maßstab und Additionskonstante ausgewiesen. Durch Kippen des Fernrohrs wird der Vertikalkreis auf Null (ZERO) orientiert.

Die kombinierte Winkel- und Streckenmessung läuft in der Reihenfolge

> Ablesung Horizontalkreis,
> Ablesung Vertikalkreis,
> Streckenmessung

ab. Mit diesen Werten werden die weiteren vermessungstechnischen Aufgaben gelöst.

Nach Anzielen des Reflektors auf dem Zielpunkt erscheinen nach Wählen der entsprechenden Betriebsart die Schrägdistanz, die Horizontalrichtung und der Zenitwinkel digital in der Anzeige.

Eine weitere Betriebsart ergibt bei Eingabe der Reflektorhöhe t und der Instrumentenhöhe i und nach Anzielen des Reflektors und Auslösen der Messung die waagerechte Distanz s, die Horizontalrichtung und den Höhenunterschied ΔH (**1.29**).

1.29 Waagerechte Distanz und Höhenunterschied

Eine andere Betriebsart liefert nach Anzielen des ersten Punktes P_1 die Schrägdistanz D_1, die waagerechte Distanz $s_{S,1}$ und den Höhenunterschied $\Delta H_{S,1}$. Nach Anzielen der weiteren Punkte P_2, P_3 (**1.30**) werden die schrägen Distanzen D_2, D_3 gemessen und die waagerechten Spannmaße ($s_{1,2}$, $s_{1,3}$) und die Höhenunterschiede ($\Delta H_{1,2}$, $\Delta H_{1,3}$) zwischen dem ersten und allen weiteren Zielpunkten angezeigt. Die Reflektorhöhe ist bei allen Punkten gleich.

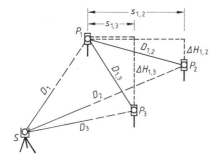

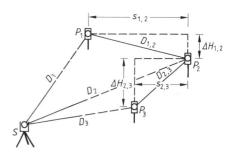

1.30 Spannmaße und Höhenunterschiede
zwischen dem ersten und weiteren
Zielpunkten

1.31 Spannmaße und Höhenunterschiede
aufeinanderfolgender Punkte

Es können auch die Spannmaße $(s_{1,2}, s_{2,3})$ und die Höhenunterschiede $(\Delta H_{1,2}, \Delta H_{2,3})$ von aufeinanderfolgenden Punkten bestimmt werden (1.31). Nach Anzielen der Punkte erscheinen die Ergebnisse in der Anzeigetafel.

Zur Bestimmung der Lotlänge und des Lotfußpunktes eines Punktes zu einer Geraden (1.32) werden nach Wahl der entsprechenden Betriebsart Anfangspunkt P_1 und Endpunkt P_2 der Geraden angezielt. Jetzt werden Lotabstand y_s und Lotfußpunkt x_s des Instrumentenstandpunktes S zu der Geraden angezeigt, d. h. der Instrumentenstandpunkt ist auf die Gerade $P_1 - P_2$ koordiniert. Nach Anzielen des Punktes P_3 und Auslösen der Messung wird dann sofort dessen Lotabstand y_3 und Lotfußpunkt x_3 angegeben. Für weitere Punkte gilt dies entsprechend. So kann einfach eine Gerade bei Sichtbehinderung ausgerichtet werden. Für die Ermittlung der rechtwinkligen Koordinaten von Grenzpunkten, Hausecken usw. bezogen auf eine Messungslinie gilt dasselbe.

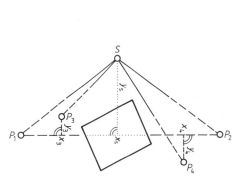

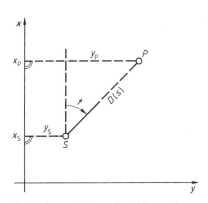

1.32 Lotlänge und Lotfußpunkt

1.33 Koordinaten eines Neupunktes

Für die Ermittlung der rechtwinkligen Koordinaten eines neuen Punktes (1.33) wird ein nach Koordinaten bekannter Punkt als Standpunkt des elektronischen Tachymeters gewählt. Nach dem Aktivieren der Betriebsart werden die Koordinaten des Standpunktes S eingegeben. Mit einer weiteren Betriebsart wird der Teilkreis orientiert, indem die Eingabe der Zielpunktkoordinaten eines bekannten Punktes erfolgt und dieser Anschlußpunkt angezielt wird. Damit ist der Horizontalkreis auf Richtungswinkel orientiert. Die nächste Betriebsart ergibt nach Anzielen des auf dem Neupunkt P stehenden Reflektors die Koordinaten dieses Punktes, die im Display angezeigt werden. Soll auch die Höhe des Neupunktes bestimmt werden, sind Höhe des Standpunktes, Instrumentenhöhe i und Reflektorhöhe t mit einzugeben.

Wenn der Zielpunkt vom Instrumentenstandpunkt nicht direkt sichtbar ist, wird ein exzentrischer Punkt angezielt, dessen Entfernung e vom Zielpunkt gemessen wird (1.34). Dabei ist zu beachten, ob der Reflektor vom Instrumentenstandpunkt aus gesehen vor oder hinter dem aufzunehmenden Punkt bzw. links oder rechts vom aufzunehmenden Punkt liegt. Nach Eingabe der Standpunktkoordinaten, Orientierung des Horizontalkreises, Angabe der Lage des Reflektors zum Ziel und Eingabe der Länge der Exzentrizität e werden nach Anzielen des Reflektors und Auslösen der Messung die Koordinaten des aufzunehmenden Zielpunktes angezeigt.

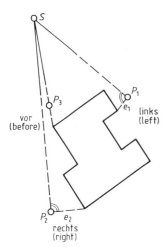

1.34   Aufnahme exzentrischer Punkte

Bei der freien Stationierung werden Koordinaten und Höhe eines freigewählten Standpunktes S durch Messung von Winkeln und Strecken zu zwei Festpunkten P_1 und P_2 bestimmt (**1.35**). Nach Wahl der Betriebsart werden die Reflektorhöhe, die Instrumentenhöhe, die Koordinaten und Höhe des ersten Anschlußpunktes P_1 sowie die Koordinaten des zweiten Anschlußpunktes P_2 eingegeben. Es erfolgt die Messung zum Reflektor auf dem ersten Festpunkt P_1, sodann die Messung zum Reflektor auf dem zweiten Festpunkt P_2. Nach Betätigen der ENTER-Taste erscheinen in der Anzeige die Koordinaten und die Höhe des Standpunktes S, die bestätigt und registriert werden. Zur Kontrolle für die Richtigkeit der eingegebenen Festpunktkoordinaten und der Messung gibt die Anzeige den Maßstab an. Dies ist der Quotient aus der zweimal gerechneten Streckenlänge zwischen den Festpunkten: einmal aus den gegebenen Koordinaten und zweitens aus den gemessenen Strecken und Winkeln. Dieser Wert muß nahe 1 sein.

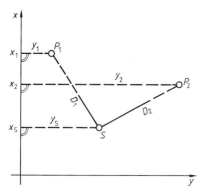

1.35   Freie Stationierung

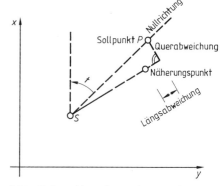

1.36   Polare Absteckung eines Punktes

Der durch die freie Stationierung nach Koordinaten bekannte Punkt dient als Standpunkt für die Aufnahme oder Absteckung weiterer Punkte. Für die polare Absteckung eines Punktes werden nach Wahl der Betriebsart dessen Koordinaten eingegeben. Die polaren Absteckelemente erscheinen nun im Display: die Strecke (aus Koordinaten gerechnet dividiert durch den Maßstab) und die Absteckrichtung, die so umgerechnet wird, daß die Richtung zum abzusteckenden Punkt null ist. Das Tachymeter wird nun solange gedreht, bis der Richtungswinkel null anzeigt, sodann wird der Reflektor eingewiesen. Der Reflektorstandpunkt (Näherungspunkt) wird zum Sollpunkt P um geringe Werte abweichen (**1.**36). Durch Auslösen der Messung werden die Werte „längs" und „quer" am Display angezeigt, um die der Näherungspunkt verschoben werden muß. Die Verschiebung wird vorgenommen, bis Längs- und Querabweichung innerhalb der gewünschten Genauigkeit liegen.

2 Bestimmen von Lagefestpunkten

Für die Vermessung großer Flächen der Erdoberfläche dient als Grundlage ein Netz von Punkten, deren Lage zueinander und auf der Erdoberfläche bestimmt ist. Diese Punkte heißen Trigonometrische Punkte. Zu ihrer Bestimmung wurden benachbarte Punkte durch Linien verbunden und so Dreiecke gebildet, die zu einem Netz zusammengefaßt sind. Dabei ergaben sich für das übergeordnete Netz – dem Hauptdreiecksnetz oder dem Netz der Punkte 1. Ordnung – Seitenlängen von 30–70 km Länge. Die Trigonometrischen Punkte 2. bis 4. Ordnung, die wiederum in sich Dreiecke bilden, verdichten das Netz der Punkte 1. Ordnung, so daß für Folgemessungen in etwa 1 bis 3 km Entfernung nach Koordinaten bestimmte Lagefestpunkte zur Verfügung stehen[1]). Bild **2**.1 zeigt einen Ausschnitt aus dem Netz der Trigonometrischen Punkte 2. und 3. Ordnung um Bochum.

Von den Trigonometrischen Punkten sind die Gauß-Krüger-Koordinaten als Rechts- und Hochwerte bestimmt. Die Bestimmung dieser Punkte und die Berechnung der Koordinaten ist Sache der Vermessungsdienststellen (Landesvermessungsämter, Kataster- und Vermessungsämter), bei denen auch die Festpunktkarteien geführt werden.

Im Trigonometrischen Netz unterscheidet man Bodenpunkte und Hochpunkte.

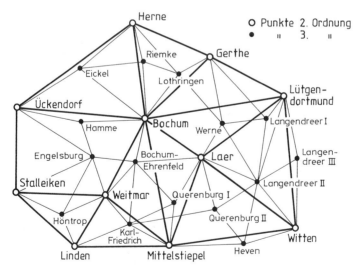

2.1 Ausschnitt aus dem Trigonometrischen Netz 2. und 3. Ordnung

---

[1]) Die für die Bestimmung der Koordinaten dieser Lagefestpunkte auszuführenden Vermessungen, Berechnungen und Ausgleichungen sind nicht Gegenstand dieses Buches.

2.2   Vermarkung eines Trigonometrischen Punktes durch Stein und Platte

Der Bodenpunkt wird durch einen Granitstein mit eingemeißeltem Kreuz und untergelegter Platte (**2.2**) vermarkt. Stein und Platte zeigen nach Norden; an der Südseite trägt der Pfeiler die Buchstaben TP (Trigonometrischer Punkt). Die Vermarkung der älteren Trigonometrischen Punkte ist in den Ländern unterschiedlich (z. B. Sandstein mit eingemeißeltem Dreieck). Die Steine sind aber örtlich unverkennbar. In den topographischen Karten sind sie durch eine Dreieckssignatur gekennzeichnet.

Ein Trigonometrischer Bodenpunkt darf weder entfernt noch versetzt werden. Macht dies ein Bauvorhaben (Straßenbau, Kanalbau, Industriebau u. ä.) erforderlich, so verständige man das nächste staatliche Vermessungs- oder Katasteramt, das die Verlegung veranlassen wird.

Die Hochpunkte sind bereits durch Gebäudeteile (Turmspitze, Schornstein usw.) festgelegt. Alle Trigonometrischen Punkte sollen durch unterirdische Marken, die abseits des Punktes liegen, gesichert sein.

Für die Bodenpunkte besteht die Sicherung aus zwei exzentrisch durch Rohre, Platten oder dgl. unterirdisch vermarkte Punkte. Diese werden lagemäßig so ausgewählt, daß der Trigonometrische Punkt bei einer Zerstörung einwandfrei von den Sicherungsmarken wiederhergestellt werden kann.

Zur Messung werden die Bodenpunkte signalisiert. Man verwendet hierzu zweckmäßig dreibeinige Tafelsignale oder ausziehbare Stahlrohre mit Verstrebung, die die zentrische Aufstellung des Theodolits über dem Festpunkt zulassen. In vielen Fällen genügt sogar ein Fluchtstab mit Stabstativ. Für weite Sichten sind wegen der Erdkrümmung (auf 10 km sind das 7,90 m), der Bodenerhebungen, dem Bewuchs usw. Signalhochbauten aus Holz oder Stahl erforderlich. Die Herstellung, Ergänzung und Überwachung der Trigonometrischen Netze gehört zu den Hoheitsaufgaben im Vermessungswesen und wird von den Landesvermessungsbehörden wahrgenommen.

Die Dreiecke im Trigonometrischen Netz sollen möglichst gleichseitig sein. Da bisher eine Streckenmessung über weite Entfernungen äußerst zeitraubend und kostspielig, wenn nicht unmöglich war, wurde in einem Dreiecksnetz nur eine Basis (**2.3**), die meistens

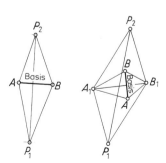

2.3   Basis im Trigonometrischen Netz

weitaus kürzer als eine Dreiecksseite ist, mit Invardrähten sehr genau gemessen und mit ihrer Länge über ein Vergrößerungsnetz durch trigonometrische Rechnungen eine Hauptdreiecksseite bestimmt. In den entstehenden Dreiecken wurden die Winkel beobachtet oder die Strecken gemessen oder beides kombiniert ausgeführt. Die Messungen waren sehr zeitaufwendig, da die Winkel auf Bruchteile einer Sekunde genau gemessen werden mußten und die Bodenpunkte durch große Beobachtungstürme zu besetzen waren. Die in einem Dreieck fehlenden Stücke sind trigonometrisch zu bestimmen. Mit diesen Werten sind die Koordinaten der Trigonometrischen Punkte berechnet worden.

Bei der Bestimmung der Folgedreiecke mittels Winkelmessung spricht man von der Triangulation [1]). Werden die Seiten der Dreiecke mit elektro-optischen Distanzmessern bestimmt, nennt man dies Trilateration [2]).

Durch die elektronische Entfernungsmessung und die Satellitengeodäsie sind die beschriebenen Verfahren der trigonometrischen Punktbestimmung überholt worden. So wurde z. B. in Niedersachsen ein neues Festpunktfeld aufgebaut, bei dem das Grundnetz nach der Trilateration und das Verdichtungsnetz durch Polygonierung mit Richtungs- und Streckenmessung bestimmt wurden.

Für viele vermessungstechnische Arbeiten ist die Lagebestimmung neuer Punkte erforderlich. Das bestehende Netz der vorhandenen Punkte, deren Koordinaten bekannt sind, muß dann verdichtet werden. Dies kann durch Winkel- und Streckenmessung erfolgen und zwar durch

> Vorwärtsschnitt,
> Rückwärtsschnitt,
> Bogenschnitt,
> Polygonierung.

Während bei den ersten Messungen Einzelpunkte bestimmt werden, wird bei der Polygonierung eine Reihe von Punkten festgelegt und deren Koordinaten berechnet. Für Folgemessungen spielt der Polygonzug eine herausragende Rolle.

Im Hinblick auf spätere Berechnungen kann es vorteilhaft sein, die mit dem Theodolit gemessenen Richtungen auf die Abszissenrichtung des Koordinatensystems zu orientieren. Weiter sind exzentrisch beobachtete Richtungen zu zentrieren.

2.1 Orientierung gemessener Richtungen

Bei der Messung von Richtungen sind diese automatisch auf die jeweilige Nullrichtung des Theodolits orientiert. Man reduziert die gemessenen Richtungen entweder auf die erste gemessene Richtung als Nullrichtung oder auf die Richtung der Abszissenachse des Koordinatensystems. Der erste Fall (Nullrichtung = erste gemessene Richtung) wurde im Abschn. 12.3.3 Teil 1 mit Beispiel behandelt.

Wenn die Abszissenrichtung des Koordinatensystems als Nullrichtung gelten soll, ist das Strahlenbüschel zu drehen, bis dessen Nullrichtung mit der Richtung der Abszissenachse

---

[1]) angulus (lat.) = Winkel.
[2]) latus (lat.) = Seite.

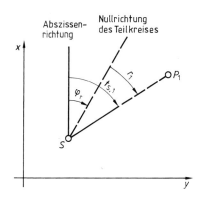

2.4 Bestimmen der Orientierungs-
     unbekannten φ_r

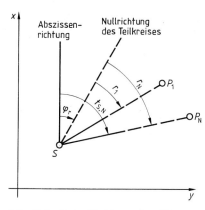

2.5 Orientierte Richtung eines Neu-
     punktes

zusammenfällt. Hierzu müssen die Koordinaten des Standpunktes S und mindestens eines Zielpunktes (P_1) bekannt sein, um hieraus die Orientierungsunbekannte φ_r (Drehungswinkel) zu ermitteln.

Nach Bild **2.4** ist

$$\varphi_r = t_{S,1} - r_1$$

$$t_{S,1} = \arctan \frac{y_1 - y_S}{x_1 - x_S}$$

Ist die orientierte Richtung eines neuen Punktes P_N zu bestimmen, findet man nach Bild **2.5**

$$t_{S,N} = r_N + \varphi_r$$

Nun werden vielfach von einem Standpunkt mehrere nach Koordinaten gegebene Anschlußpunkte angezielt und die gemessenen Richtungen auf die Anfangsrichtung als Nullrichtung reduziert (**2.6**). Man kann dann die Orientierungsunbekannte φ zu jedem Anschlußpunkt berechnen; diese werden infolge der Beobachtungsungenauigkeit und eventueller Netzspannungen geringfügig voneinander abweichen. Deshalb bildet man das arithmetische Mittel.

Es ist

$$\varphi_i = t_{S,i} - r_i$$

und somit

$$\varphi = \frac{[t - r]}{n}$$

wobei $t_{S,i} = \arctan \dfrac{y_i - y_S}{x_i - x_S}$ ist.

Die gesuchte, zur Abszissenrichtung des Koordinatensystems orientierte Richtung des Neupunktes P_N ist dann

$$\text{Orient. } r_{N_0} = r_N + \varphi$$

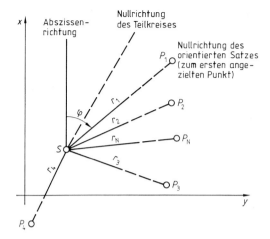

2.6 Orientierung gemessener Richtungen

Der jeweils aus Koordinaten gerechnete Richtungswinkel $t_{S,i}$ wird mit der berechneten Richtung r_{i_0} nicht übereinstimmen. Dieser Widerspruch wird ausgedrückt durch

$$v_i = t_{S,i} - r_{i_0}$$

wobei nach Abschn. 1.4 Teil 1 $[v_i] = 0$ sein muß.

Die Standardabweichung einer orientierten Richtung ergibt sich nach

$$s_{r_0} = \sqrt{\frac{[vv]}{n(n-1)}}$$

Beispiel. Es wurden von einem nach Koordinaten bestimmten Punkt Richtungsbeobachtungen nach 5 Zielen (vier Festpunkte und ein Neupunkt) in zwei vollen Sätzen durchgeführt und auf das erste Ziel als Nullrichtung reduziert, wie dies in Tafel **12.**6 Teil 1 vorgegeben ist. Die orientierte Richtung zum Neupunkt P_N und die Standardabweichung sind zu bestimmen.

Tafel **2.**7 Orientieren gemessener Richtungen

1	2	3	4	5	6	7	8
Stand-punkt	Ziel-punkte	Richtungswinkel t	Richtungen auf P_1 reduziert r	$t - r$ φ	Orient. Ri $r + \varphi$ r_0	$t - r_0$ v	vv
		gon	gon	gon	gon	mgon	
S	P_1	51,2434	0,0000	51,2434	51,2430	+0,4	0,16
	P_2	74,7249	23,4813	51,2436	74,7243	+0,6	0,36
	P_N	–	38,2427	–	89,4857	–	–
	P_3	115,4796	64,2368	51,2428	115,4798	−0,2	0,04
	P_4	242,5919	191,3497	51,2422	242,5927	−0,8	0,64
			317,3105	204,9720	573,5255	0,0	1,20
		$5 \cdot \varphi =$	256,2150	$\varphi =$ 51,2430		$= [v]$	$= [vv]$
			573,5255				

$$s_{r_0} = \sqrt{\frac{[vv]}{n(n-1)}} = \sqrt{\frac{1,20}{4 \cdot 3}} = 0,3 \text{ mgon}$$

In Spalte 3 sind die gerechneten Richtungswinkel t, in Spalte 4 die gemessenen und auf das erste Ziel P_1 reduzierten Richtungen r angegeben. Spalte 5 weist die Orientierungsunbekannte zu jedem Anschlußpunkt als Differenz der Spalten 3 und 4 aus. Das arithmetische Mittel ergibt die Orientierungsunbekannte φ. In Spalte 6 findet man die orientierten Richtungen r_0 zu den angezielten Punkten als Summe der in Spalte 4 aufgeführten Richtungen r plus φ.

Die Rechnung wird verprobt:

$$[\text{Sp. 4}] + 5 \cdot \varphi = [\text{Sp. 6}]$$

Zur Berechnung der Standardabweichung wird in Sp. 7 die Differenz der Spalten 3 und 6 gebildet. Die Summe der Widersprüche v muß bis auf Abrundungsungenauigkeiten null sein. Die quadrierten v-Werte werden in Sp. 8 vermerkt.

2.2 Exzentrische Stand- und Zielpunkte

Es kann in der Praxis vorkommen, daß von einem Punkt (Zentrum Z) zum Zielpunkt P keine Sicht besteht, z. B. bei Sichtbehinderung durch Gebäude oder Bewuchs. Hier hilft man sich, indem man die Winkelmessung auf einem Nebenpunkt, dem exzentrischen Standpunkt S, vornimmt und diese rechnerisch auf das ursprüngliche Zentrum Z bezieht. Für die Berechnung sind von dem Nebenpunkt S auch die Entfernung e und die Richtung r'_Z zum Zentrum Z zu messen. Dies nennt man Standpunktzentrierung (**2.8**).

Ein Sichthindernis kann aber auch umgangen werden, indem der Theodolit im Zentrum zentrisch aufgestellt, im Ziel aber ein Nebenpunkt (exzentrischer Zielpunkt) angezielt wird. Dies führt zur Zielpunktzentrierung (**2.9**).

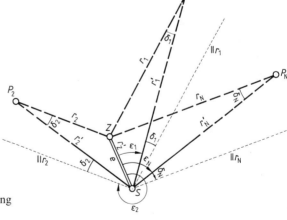

2.8   Standpunktzentrierung

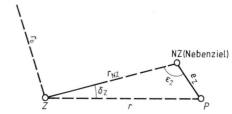

2.9   Zielpunktzentrierung

2.2.1 Standpunktzentrierung

Von dem Zentrum Z in Bild **2.**8 sind die Punkte P_1, P_N, P_2 nicht sichtbar, wohl aber von dem Nebenpunkt S, der sich in geringer Entfernung von Z befindet. Die Koordinaten der Punkte Z, P_1 und P_2 sind bekannt, P_N ist ein Neupunkt. In S werden die Richtungen r'_1, r'_N, r'_2 und r'_Z gemessen. Weiter wird die Entfernung $\overline{SZ} = e$ mit Millimetergenauigkeit ermittelt.

Zur Bestimmung der gesuchten Richtungen r_1, r_N, r_2 im Zentrum Z entnimmt man Bild **2.**8

$$\overline{ZP_1} = \sqrt{(y_1 - y_Z)^2 + (x_1 - x_Z)^2}$$

$$\varepsilon_1 = r'_1 - r'_Z$$

Nach dem Sinussatz

$$\sin \delta_1 = \frac{e}{\overline{ZP_1}} \cdot \sin \varepsilon_1$$

$$r_1 = r'_1 + \delta_1$$

Diese Rechnung gilt für jeden Punkt. Wird $\varepsilon > 200$ gon, ist δ negativ (im Bild **2.**8 ist für Punkt P_2 der Zentrierwinkel δ_2 negativ).

Für die Zentrierung der Richtung r'_N zum Neupunkt N (dessen Koordinaten nicht bekannt sind) wird beim Einsatz eines elektronischen Tachymeters die Entfernung $\overline{SP_N}$ gemessen.

Dann folgt nach dem Cosinussatz

$$\overline{ZP_N} = \sqrt{(\overline{SP_N})^2 + e^2 - 2 \cdot \overline{SP_N} \cdot e \cdot \cos \varepsilon_N}$$

Die Strecke $\overline{ZP_N}$ kann auch aus vorläufigen Koordinaten der Punkte berechnet werden, wobei bei größeren Entfernungen Metergenauigkeit genügt. Bei sehr kleiner Exzentrizität e kann die Strecke auch graphisch einer Karte entnommen werden.

Beispiel. Zentrieren von exzentrisch gemessenen Richtungen.
Die im exzentrischen Standpunkt S (2.8) gemessenen Richtungen r'_1, r'_N, r'_2 sind auf das Zentrum Z zu beziehen (r_1, r_N, r_2).
Es wurden gemessen und aus Koordinaten berechnet:

1	2	3	4	5
Stand-punkt	Ziel-punkt	r'	Strecke gemessen $\overline{SP_i}$	Strecke aus Koordinaten $\overline{ZP_i}$
		gon	m	m
S	P_1	25,1332		1056,76
	P_N	65,8192	998,24	
	P_2	348,2820		867,02
	Z	380,8400	8,743 $= e$	

Daraus ergeben sich nach den entwickelten Formeln in tabellarischer Übersicht folgende Werte:

1	2	3	4	5	6
Ziel-punkt	r'_Z r'_i gon	$\varepsilon_i = r'_i - r'_Z$ gon	Strecken $\dfrac{e}{ZP_i}$ m	δ_i gon	$r_i = r'_i + \delta_i$ gon
Z	380,8400	0,0000	8,743	−	−
P_1	25,1332	44,2932	1056,76	0,3376	25,4708
P_N	65,8192	84,9792	996,23*)	0,5432	66,3624
P_2	348,2820	367,4420	867,02	−0,3142	347,9678
	820,0744	496,7144 323,3600 = 4 · r'_Z ———— 820,0744		+0,5666	439,8010 380,8400 = r'_Z −0,5666 = −[Sp. 5] ———— 820,0744

*) berechnet nach $\overline{ZP_N} = \sqrt{(\overline{SP_N})^2 + e^2 - 2 \cdot \overline{SP_N} \cdot e \cdot \cos \varepsilon_N}$

Die Rechnung wird durch Summenprobe gesichert:

$$[\text{Sp. 2}] = [\text{Sp. 3}] + n \cdot r'_Z = [\text{Sp. 6}] + r'_Z - [\text{Sp. 5}]$$

2.2.2 Zielpunktzentrierung

Von dem Theodolitstandpunkt Z ist der Punkt P nicht sichtbar (**2.9**), wohl aber das in kurzer Entfernung befindliche Nebenziel NZ. Es werden die Richtung r_{NZ} sowie der Winkel ε_Z und die Exzentrizität e_Z gemessen; damit ergibt sich

$$\sin \delta_Z = \frac{e_Z}{ZP} \cdot \sin \varepsilon_Z$$

$$r = r_{NZ} + \delta_Z$$

In der Praxis kann bei der Signalisierung eines Punktes der Signalpunkt nicht genau unter dem Festpunkt liegen. Man lotet dann den Signalpunkt in zwei senkrecht zueinander stehenden Ebenen ab und markiert diesen Punkt auf einem Blatt Papier, das auf dem Festpunkt liegt. Mann kann nun den kleinen Wert e'_Z messen (**2.10**) und einfach rechnen

$$\delta_Z = \frac{e'_Z}{ZP} \cdot \text{rad gon}$$

2.10   Ablotung

Es kann vorkommen, daß ein Nebenziel nur von einem exzentrischen Standpunkt aus zu sehen ist. Hier zerlegt man sinnvoll die Berechnung in zwei Stufen, indem zunächst die Zielpunktzentrierung und dann mit diesem Wert die Standpunktzentrierung gerechnet wird.

2.3 Bestimmen einzelner Neupunkte

Hierzu werden in der Örtlichkeit Winkel und Strecken gemessen. Der Stand des Neupunktes sollte so gewählt werden, daß jeweils vorteilhafte Rechenbedingungen durch die Wahl günstiger Dreiecksfiguren vorliegen und weitere Folgemessungen – z.B. Anschluß eines Polygonzuges, polare Aufnahme eines Geländes, polare Absteckung von Punkten – ohne Behinderung möglich sind. Die Berechnung der Koordinaten der Neupunkte wird im Abschn. 3.5 besprochen.

1. Vorwärtsschnitt (2.11)
Die Koordinaten der Punkte A und B sind bekannt, somit auch die Strecke $s_{A,B}$. Der Neupunkt C wird so gewählt, daß ein möglichst gleichschenkliges Dreieck entsteht. Die Winkel α und β sind zu messen.

2. Rückwärtsschnitt (2.12)
Die Koordinaten der Punkte A, M, B sind bekannt, Punkt C ist zu bestimmen. Vorteilhaft ist, daß die Punkte A, M, B Fernziele (Kirchturmspitzen) sein können, die nicht besonders zu signalisieren sind. Bei der Wahl des Neupunktes C ist darauf zu achten, daß A, M, B, C nicht auf einem Kreis liegen, da in diesem Fall keine Lösung möglich wäre. Im Punkt C sind die Winkel φ und ψ zu messen.

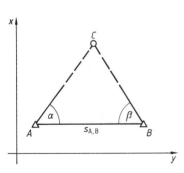 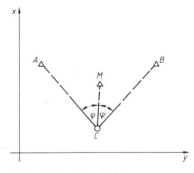

2.11   Vorwärtsschnitt   2.12   Rückwärtsschnitt

3. Bogenschnitt (2.13)
Die Punkte A und B sind nach Koordinaten gegeben, somit auch die Strecke $s_{A,B}$. Die Strecken $s_{A,C}$, $s_{B,C}$ werden mit einem elektronischen Entfernungsmesser bestimmt. Zweckmäßig wird das elektronische Tachymeter zur Streckenmessung in C aufgestellt und die Punkte A und B mit Reflektoren besetzt. In diesem Fall wird man noch den Winkel γ messen, der eine gute Meßkontrolle liefert.

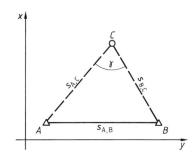

2.13   Bogenschnitt

2.4 Polygonierung [1])

Die Grundlage für viele Vermessungsaufgaben in der Bautechnik und Vermessungstechnik ist der Polygonzug; er ist ein Vieleckzug, dessen Strecken und Winkel gemessen werden. Die Polygonpunkte bilden das feste Gerippe für viele Folgemessungen. Die richtige Auswahl der Polygonpunkte und die Anlage der Polygone, die ein ganzes Polygonnetz bilden können, ist für die folgende Stückvermessung, bautechnische Vermessung, Straßenabsteckung, Tachymeteraufnahme usw. besonders wichtig. Vielfach folgen die Polygonzüge den Straßen, Eisenbahnen, Wasserläufen, Waldwegen, Grenzen usw.

Die Genauigkeitssteigerung durch den Einsatz elektronischer Tachymeter beim Messen der Winkel und Distanzen unter Anwendung der Zwangszentrierung läßt den Polygonzug auch für die Verdichtung der Trigonometrischen Netze 3. und 4. Ordnung zu.

2.4.1 Anlage und Form der Polygonzüge

Die Anforderungen, die an einen Polygonzug gestellt werden, richten sich nach dem Zweck, dem er dient. Ein Polygonzug soll möglichst gestreckt (günstige Fehlerverteilung) und gut meßbar sein; weiter soll von den Polygonseiten bzw. Polygonpunkten – je nachdem, ob die Folgemessung orthogonal oder polar erfolgt – möglichst viel von dem Aufzunehmenden erfaßt werden. Wenn das Aufnahmeverfahren keine größere Punktdichte erfordert und ohne Zwangszentrierung gearbeitet wird, sind möglichst lange Polygonseiten zu wählen. Über 250 m lange Polygonseiten werden durch Zwischenpunkte unterteilt, auf denen keine Winkel zu messen, die aber wie Polygonpunkte zu behandeln sind. Polygonseiten unter 50 m vermeidet man tunlichst. Gelingt dies nicht, ist mit Zwangszentrierung zu messen oder es sind besondere Meßanordnungen zu treffen (s. Abschn. 2.4.4).

Man unterscheidet, je nachdem, ob der Polygonzug an vorhandene, nach Koordinaten bekannte Punkte an- und abgeschlossen wird oder nicht

1. beidseitig richtungs- und lagemäßig angeschlossener Polygonzug
2. richtungsmäßig einseitig, lagemäßig beidseitig angeschlossener Polygonzug

---

[1]) Polygon (griech.) = Vieleck.

3. nur einseitig richtungs- und lagemäßig angeschlossener Polygonzug
4. beidseitig nur lagemäßig angeschlossener Polygonzug
5. geschlossener Polygonzug
6. nicht angeschlossener Polygonzug

1. Beidseitig richtungs- und lagemäßig angeschlossener Polygonzug (2.14)

Er verbindet zwei nach Koordinaten bekannte Punkte (Trigonometrische- oder Polygon-punkte) A und E. Auf dem Anfangs- und Endpunkt ist jeweils ein nach Koordinaten bestimmter Anschlußpunkt (B und Z) sichtbar, zu denen die An- und Abschlußbre-chungswinkel (β_A und β_E) beobachtet werden. Bei n-Polygonpunkten sind $(n+2)$ Brechungswinkel und $(n+1)$ Strecken zu messen. Diese Art des Polygonzuges ist anzustreben, da man durch Rechnung eine unabhängige Richtungs- und Lagekontrolle findet (s. Beisp. Tafel **3.**18).

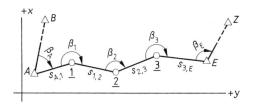

2.14   Beidseitig richtungs- und lagemäßig
       angeschlossener Polygonzug

Polygonnetz. Wenn ein größeres Gebiet zu vermessen ist (Ortslage, Gemarkung, größeres Bauvorhaben, größere tachymetrische Geländeaufnahme), bilden viele der vorher beschriebenen Polygonzüge ein Polygonnetz. Die Polygonzüge, die dabei beidsei-tig an Trigonometrische Punkte angeschlossen sind (in Bild **2.**15 von TP 61 nach TP 58, von TP 58 nach TP 57, von TP 61 nach TP 108), bilden das Gerüst des Polygonnetzes. Dieses wird durch Polygonzüge, die auf bereits koordinatenmäßig bestimmten Polygon-punkten beginnen und enden (von PP 16 nach PP 14, von PP 11 nach PP 5), verdichtet.

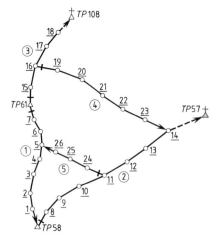

2.15   Haupt- und Nebenzüge

Die direkt gemessenen Polygonseiten sind ausgezogen, die indirekt gemessenen (zu den Kirchen TP 57 und TP 108) gestrichelt dargestellt. Die Zugrichtung wird durch einen Querstrich am Anfang der ersten und durch einen Pfeil am Ende der letzten Polygonseite angegeben. Die Zugnummer steht eingekreist etwa in Zugmitte.

2. Richtungsmäßig einseitig, lagemäßig beidseitig angeschlossener Polygonzug

Es kann vorkommen, daß vom Endpunkt E (oder Anfangspunkt A), der in einem Wald oder in eng bebauter Ortschaft liegt, kein Anschlußpunkt Z sichtbar ist (**2.14**). β_E kann dann nicht direkt gemessen werden. Hier hilft man sich durch exzentrische Messung des Richtungsabschlusses in der Nähe von E oder im Punkt 3. Wenn das nicht möglich ist, sollte in A zur Kontrolle ein weiterer Anschlußpunkt angezielt und der Polygonzug mit Zwangszentrierung gemessen werden. Eine Richtungskontrolle ist dann nicht vorhanden. Über indirekte Bestimmung des Richtungsanschlusses s. Abschn. 3.6.2.1.

3. Nur einseitig richtungs- und lagemäßig angeschlossener Polygonzug

Der in **2.**14 dargestellte Polygonzug möge bereits in Punkt 3 enden. Man nennt ihn dann fliegenden Polygonzug. Die Koordinaten der Punkte 1 bis 3 können im Koordinatensystem gerechnet werden, jedoch ist keine Kontrolle vorhanden und keine Fehlerverteilung möglich.

Ein fliegender Polygonzug mit nur einer Seite heißt toter Strahl (**2.16**). Er wird zur Aufmessung bebauter Räume, wie Hinterhöfe, Werkhöfe usw., erforderlich.

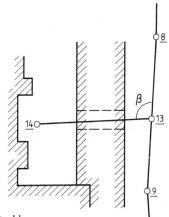

2.16   Toter Strahl

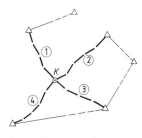

2.17   Knotenpunkt

Knotenpunkt. Es können drei oder mehr Polygonzüge auf einen Punkt zulaufen; diesen nennt man dann Knotenpunkt (**2.17**). Die zu verknotenden Polygonzüge sollen möglichst gleichmäßig um den Knotenpunkt verteilt und gleich lang sein und mit gleicher Genauigkeit gemessen werden. In unübersichtlichem Gelände bestimmt man auf diese Weise auch Trigonometrische Punkte. Die Polygonzüge werden dann mit Zwangszentrierung als Feinpolygonzüge (Gerüstpolygonzüge) gemessen.

4. Beidseitig nur lagemäßig angeschlossener Polygonzug

Es ist ein Polygonzug, der an zwei koordinatenmäßig bekannte Punkte A und E angehängt wird. Die in Bild **2**.14 angegebenen Anschlußrichtungen nach B und Z sind nicht vorhanden. Über die Berechnung s. Abschn. 3.6.4.

5. Geschlossener Polygonzug

Für die Aufmessung eines größeren Gebietes kann ein Polygon, das dieses umschließt, zweckmäßig sein (**2**.18). Das Polygon kann einseitig an das Landesnetz angeschlossen oder als örtliches System behandelt werden. Der Anschluß von zwei Punkten würde der Auflösung in zwei Polygonzügen gleichkommen. Ein geschlossener Polygonzug paßt nicht in ein gutes Polygonnetz, da die Umgebungstreue nicht gewahrt ist. Er wird deshalb vorwiegend in einem örtlichen System gerechnet (siehe Beispiel Tafel **3**.27).

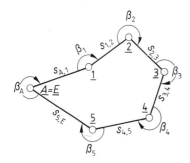

2.18   Geschlossener Polygonzug

6. Nicht angeschlossener Polygonzug

Er steht zu keinem Koordinatensystem in Beziehung. Zur Aufnahme und Absteckung von Straßen, Wegen, Stollen, Schneisen, Wasserläufen usw. wird man ihn anwenden, wenn die Baumaßnahme keine größeren Vermessungen rechtfertigt oder nach Koordinaten festgelegte Vermessungspunkte (Trigonometrische oder Polygonpunkte) nicht in der Nähe sind. Dieser Polygonzug ist weder richtungs- noch lagemäßig kontrollierbar. Die Strecken und Winkel sollen deshalb doppelt gemessen werden. Eine Polygonseite (die erste oder die längste) wird als x-Achse des örtlichen Koordinatensystems gewählt (s. Beisp. Tafel **3**.30).

2.4.2 Standort und Vermarkung der Polygonpunkte

Der Standort der Polygonpunkte ist so zu wählen, daß der Theodolit gut aufzustellen ist und die durch Fluchtstäbe signalisierten Nachbarpunkte möglichst bodennah anzuzielen sind.

Die Polygonpunkte sollen vor der Messung vermarkt werden. In einfachen Fällen genügt hierzu ein 30...50 cm langer Pfahl mit 8...10 cm ⌀. Der genaue Punkt wird durch ein zu bohrendes Loch oder durch einen Nagel bezeichnet. In allen anderen Fällen ist eine dauerhafte Vermarkung vorzunehmen. Für Polygonpunkte, die in das staatliche Vermessungswerk übernommen werden, ist diese vorgeschrieben. Unterirdisch vermarkte Punkte werden für die Dauer der Messung durch Tageszeichen kenntlich gemacht.

Folgende Vermarkungen haben sich bewährt:

Im freien Gelände: zwei übereinandergestellte Drainrohre oder Hohlziegel, deren Oberkante 40 cm unter Oberfläche liegt und die durch einen Stein abzudecken sind; unterirdisch einzementiertes Gasrohr, dessen Oberkante 40 cm unter Gelände ist; Stein mit Kreuz oder Loch als oberirdische Vermarkung und untergestelltem Drainrohr als Sicherung; Kunststeinkopf mit festverbundenem Erdgewinde aus Stahl.

Im bebauten Gelände: unterirdisch einzementiertes Gasrohr mit einem daraufgesetzten gußeisernen Kasten mit abnehmbarem Deckel, der plan mit der Straßendecke abschließt; bodengleich geschlagene 30…40 cm lange Gasrohre; eingemeißelte Kreuze; Kunststeinkopf mit festverbundenem Erdgewinde aus Stahl.

Der Polygonpunkt sollte durch eine zusätzliche Vermarkung gesichert werden. Im freien Gelände geschieht dies zweckmäßig durch ein oder zwei unterirdisch gesetzte Drainrohre, die mit dem Polygonpunkt in einer Geraden oder in der vom Polygonpunkt ausgehenden Polygonseite oder besser noch in der Richtung zu einem Fernziel liegen (2.19). Im bebauten Gelände ist dies auch durch Linien, die in Häuser eingebunden und durch Kreuze vermarkt werden, zu erreichen. Die Polygonpunkte sind zum leichten Auffinden auf vorhandene Grenzen, Häuser, Brücken oder sonstige topographische Gegenstände einzumessen.

2.19   Sicherungsvermarkung für Polygonpunkte

2.4.3 Messen der Polygonzüge

Es werden Winkel und Strecken bestimmt. Die Winkelmessung geschieht rechtsläufig im Sinne der fortschreitenden Messung, indem zuerst der rückwärtsliegende und dann der vorwärtsliegende Polygonpunkt anzuzielen ist. Es wird gewöhnlich mit einem Ingenieurtheodolit in zwei Halbsätzen gemessen. Die Polygonpunkte sind mit genau senkrecht stehenden Fluchtstäben zu markieren, und der Theodolit ist über dem Standpunkt scharf zu zentrieren. Die Zentrierfehler sind beim Polygonzug besonders gefährlich. Ein um eine Fluchtstabdicke ($d = 2$ cm) falsch ausgesteckter Punkt verfälscht den Winkel bei einer

$$\text{Strecke } s = 200 \text{ m um } \Delta\beta = \frac{d}{s} \cdot \text{rad} = \frac{0{,}02}{200} \cdot 64 = 0{,}0064 \text{ gon.}$$

Diese Fehler können sich häufen. Sie werden beim Messen mit Zwangszentrierung vermieden.

Für die Längenmessung der Polygonseiten werden verwendet:
Bandmaße, Theodolit mit Basislatte, elektronische Tachymeter.

Die Polygonseiten werden doppelt gemessen und die Meßergebnisse gemittelt. Bei der mechanischen Längenmessung wird zweckmäßig im Hin- und Rückgang gemessen. Beim Einsatz der elektronischen Tachymeter sowie beim Einsatz der Basislatte werden die Polygonseiten und -winkel in einem Arbeitsgang gemessen.

2.4.4 Überbrücken kurzer Polygonseiten

Es kann vorkommen, daß eine kurze Polygonseite unumgänglich ist. Hier würden sich die Zentrierfehler der kurzen Strecke auf die Richtungswinkel der anderen Strecken ungünstig auswirken. Um dies zu vermeiden, wird der Hilfspunkt H_1 eingeschaltet (**2**.20) und der Polygonzug richtungsmäßig über $A - 1 - H_1 - 4 - E$ mit Abschlußkontrollen und Verteilung der Abweichungen gerechnet (s. Abschn. 3.6.1). Die so ermittelten Richtungswinkel $t_{A,1}$ für die Strecke $A - 1$ und $t_{4,E}$ für die Strecke $4 - E$ sind die Anschlußrichtungswinkel für den Zugteil $1 - 2 - 3 - 4$, der wie ein normaler Polygonzug gerechnet wird. Es sind zusätzlich nur die Winkel β_1', β_H' und β_4' zu beobachten, die Strecken $1 - H_1$ und $H_1 - 4$ brauchen nicht gemessen zu werden.

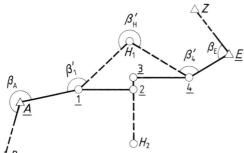

2.20 Überbrücken kurzer Polygonseiten

Die Zentrierfehler können auch dadurch gemildert werden, daß in der Verlängerung der kurzen Seite $3 - 2$ in der Entfernung einer Polygonseite ein Hilfspunkt H_2 markiert wird. Man legt erst die Punkte 3 und H_2 fest und fluchtet den Punkt 2 in diese Gerade ein. Bei der Winkelmessung wird anstelle des Punktes 2 bzw. 3 der Punkt H_2 angezielt; im Punkt 3 wird z. B. nicht $2 - 3 - 4$, sondern $H_2 - 3 - 4$ gemessen.

2.4.5 Zulässige Abweichungen (Fehlergrenzen) für Polygonzüge

Im amtlichen Vermessungswesen sind zulässige Abweichungen (Fehlergrenzen)[1]) festgelegt, die nicht überschritten werden sollen.

Grenzformeln für zulässige Abweichungen bei Polygonzügen bis 2 km Länge

Die Zahl der Brechungspunkte eines solchen Polygonzuges soll folgende Bedingungen erfüllen:

---

[1]) Für die einzelnen Bundesländer nicht einheitlich.

$$n \leqq 0,01 \, [s] + 3$$

n = Zahl der Brechungspunkte einschließlich Anfangs- und Endpunkt des Polygonzuges

s = Länge einer Polygonseite in m

$[s]$ = Summe der Seiten eines Polygonzuges in m

Die größte zulässige Winkelabweichung in Zentigon (cgon) beträgt

$$F_W = \frac{110}{[s]} \, (n-1) \, \sqrt{n} + 1,0$$

Das ergibt folgende Winkelabweichung F_W in cgon für einen Polygonzug mit $[s] = 1000\,\text{m}$:

Anzahl der Punkte	4	6	8	10	12
F_W	1,7	2,3	3,2	4,1	5,2

Die größten zulässigen Abweichungen in m zwischen zwei für dieselbe Polygonseite ermittelten Länge betragen:

$$D_L = 0,006 \, \sqrt{s} + 0,02$$

s = Länge einer Polygonseite in m

Dies ergibt folgende Grenzwerte D_L in m:

s in m	50	100	160	200	300
D_L	0,06	0,08	0,10	0,10	0,12

Über die zulässige Längsabweichung und lineare Querabweichung wird auf Seite 66 berichtet.

3 Koordinatenberechnung

Eine Strecke ist durch zwei Punkte mit ihren Koordinaten x und y in einem rechtwinkligen Koordinatensystem festgelegt. Aus diesen Koordinaten können die Länge der Strecke und deren Richtungswinkel berechnet werden. Die Schenkel des Richtungswinkels sind die Parallele der Abszissenachse durch einen der Endpunkte und die Strecke selbst. Der Richtungswinkel wird von der Parallelen zur x-Achse in rechtsläufigem Sinn (Uhrzeigersinn) gezählt.

Umgekehrt können, wenn die Koordinaten eines Punktes, der Richtungswinkel und die Länge der Strecke gegeben sind, die Koordinaten des zweiten Punktes berechnet werden. Diese Aufgabe stellt sich in der Praxis bei der Polaraufnahme als „polares Anhängen" des Punktes.

Das Koordinatensystem kann nach praktischen Gesichtspunkten als örtliches System gewählt werden oder man verwendet das mit der x-Achse nach Norden orientierte geodätische Koordinaten-System mit den Gauß-Krüger-Koordinaten.

3.1 Richtungswinkel und Strecke, Berechnung von Polarkoordinaten aus rechtwinkligen Koordinaten

Der Richtungswinkel $t_{1,2}$ im Punkt P_1 (3.1) gibt die Richtung der Strecke $s_{1,2}$ an [1]). Für Punkt P_2 gilt dasselbe, hier ist es $t_{2,1}$. Zwischen beiden besteht die Beziehung

$$t_{2,1} = t_{1,2} \pm 200 \, \text{gon}$$

Wenn die Koordinaten der Punkte $P_1\,(y_1, x_1)$ und $P_2\,(y_2, x_2)$ gegeben sind, errechnet sich der Richtungswinkel $t_{1,2}$ aus

$$\tan t_{1,2} = \frac{y_2 - y_1}{x_2 - x_1} = \frac{\Delta y_{1,2}}{\Delta x_{1,2}}$$

Die Vorzeichen von Δy im Zähler und Δx im Nenner sind für die Ermittlung der Winkelgröße wichtig.

---

[1]) DIN 18709 sieht folgende Bezeichnungen vor:
Koordinaten des Punktes P_1: y_1, x_1
Koordinatenunterschiede der Punkte P_1 und P_2: $\Delta y_{1,2}, \Delta x_{1,2}$
Richtungswinkel von P_1 nach P_2: $t_{1,2}$
Strecke von P_1 nach P_2: $s_{1,2}$

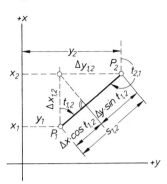

3.1   Richtungswinkel

Nach Definitionen der Mathematik ist

bei dem Quotienten $\dfrac{\text{Zähler}}{\text{Nenner}}$	$\dfrac{+}{+}$	$\dfrac{+}{-}$	$\dfrac{-}{-}$	$\dfrac{-}{+}$
der Quadrant	I	II	III	IV
mit der Funktion	tan	cot	tan	cot
und dem Richtungswinkel	t	$t+100$	$t+200$	$t+300$

Beim Einsatz von Taschenrechnern ermittelt man den Richtungswinkel über Arcustangens oder $\tan^{-1}$ unter Berücksichtigung des Vorzeichens von Δx im Nenner bei vorzeichentreuer Eingabe von Δy und Δx.

Es ergibt sich bei den verschiedenen Vorzeichen für Δx im Nenner

Δx	Anzeige im Rechner	Quadrant	Richtungswinkel t
$+$	$+\tan$	I	Angabe $(+400\,\text{gon})$
$-$	$-\tan$	II	Angabe $+200\,\text{gon}$
$-$	$+\tan$	III	Angabe $+200\,\text{gon}$
$+$	$-\tan$	IV	Angabe $+400\,\text{gon}$

Man merke: Bei positivem Δx werden zu dem im Rechner angegebenen Winkelwert 400 gon, bei negativem Δx werden 200 gon addiert.

Die Strecke $s_{1,2}$ errechnet sich nach dem Pythagoras

$$s_{1,2} = \sqrt{\Delta y_{1,2}^2 + \Delta x_{1,2}^2}$$

oder, wie aus Bild **3.1** zu entnehmen ist

$$s_{1,2} = \frac{|\Delta y_{1,2}|}{|\sin t_{1,2}|} \ (\text{für } |\Delta y_{1,2}| > |\Delta x_{1,2}|)^1)$$

$$s_{1,2} = \frac{|\Delta x_{1,2}|}{|\cos t_{1,2}|} \ (\text{für } |\Delta y_{1,2}| < |\Delta x_{1,2}|)$$

---

[1]) Die senkrechten Striche sind „Absolutstriche", d.h. die eingeschlossenen Werte gelten ohne Berücksichtigung des Vorzeichens.

oder aus der Summe der Teilstrecken

$$s_{1,2} = |\Delta y_{1,2} \cdot \sin t_{1,2}| + |\Delta x_{1,2} \cdot \cos t_{1,2}|$$

Bei der Berechnung von Polarkoordinaten aus rechtwinkligen Koordinaten ist dieselbe Aufgabe zu lösen. In diesem Fall sind die rechtwinkligen Koordinaten von zwei Punkten gegeben, aus denen die Polarkoordinaten t und s abzuleiten sind.

Es ist $\quad \tan t_{1,2} = \dfrac{y_2 - y_1}{x_2 - x_1}$

und $\quad s_{1,2} = \sqrt{\Delta y_{1,2}^2 + \Delta x_{1,2}^2}$

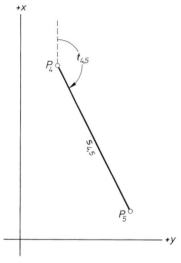

3.2 Berechnen von Richtungswinkel
und Strecke

Beispiel. Gegeben sind die rechtwinkligen Koordinaten der Punkte P_4 und P_5 (3.2) im Gauß-Krüger-Koordinatensystem

Rechtswert $y_4 = 4\,522\,798,15$
$y_5 = 4\,522\,835,76$

Hochwert $x_4 = 5\,982\,244,30$
$x_5 = 5\,982\,173,25$

Der Richtungswinkel $t_{4,5}$ und die Strecke $s_{4,5}$ sind zu berechnen

$$\tan t_{4,5} = \frac{\Delta y_{4,5}}{\Delta x_{4,5}} = \frac{37,61}{-71,05} = -0,52935$$

$$t_{4,5} = 169,0063 \text{ gon}$$

$$s_{4,5} = \sqrt{\Delta y_{4,5}^2 + \Delta x_{4,5}^2} = 80,39 \text{ m}$$

oder $\quad s_{4,5} = \dfrac{|\Delta x_{4,5}|}{|\cos t_{4,5}|} = \dfrac{71,05}{0,88381} = 80,39 \text{ m}$

3.2 Berechnung von polaren Absteckelementen

Eine in der Praxis oft wiederkehrende Aufgabe ist die Übertragung von Punkten in die Örtlichkeit, deren rechtwinklige Koordinaten bekannt (berechnet) sind. Gegeben sind dabei die rechtwinkligen Koordinaten der Punkte P_1, P_2 und P_3 (3.3). Die Punkte P_1 und P_2 sind in der Örtlichkeit vorhanden, der Punkt P_3 soll örtlich abgesteckt werden. Dazu sind die Absteckelemente α, $s_{1,3}$ und β, $s_{2,3}$ zu berechnen. Mit α, $s_{1,3}$ ist der Punkt P_3 festgelegt; mit β und $s_{2,3}$ erhält man eine durchgreifende örtliche Kontrolle.

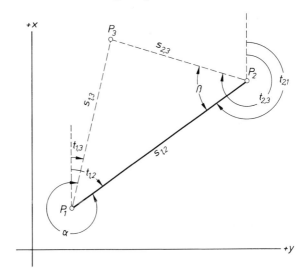

3.3   Berechnen von polaren
Absteckelementen

Es ist

$$\tan t_{1,2} = \frac{y_2 - y_1}{x_2 - x_1} = \frac{\Delta y_{1,2}}{\Delta x_{1,2}}$$

$$t_{2,1} = t_{1,2} \pm 200 \text{ gon}$$

$$\tan t_{1,3} = \frac{y_3 - y_1}{x_3 - x_1} = \frac{\Delta y_{1,3}}{\Delta x_{1,3}}$$

$$\tan t_{2,3} = \frac{y_3 - y_2}{x_3 - x_2} = \frac{\Delta y_{2,3}}{\Delta x_{2,3}}$$

$$\alpha = t_{1,3} - t_{1,2} + 400 \text{ gon}$$

$$s_{1,3} = \sqrt{\Delta y_{1,3}^2 + \Delta x_{1,3}^2}$$

$$\beta = t_{2,3} - t_{2,1} \ (+400 \text{ gon})$$

$$s_{2,3} = \sqrt{\Delta y_{2,3}^2 + \Delta x_{2,3}^2}$$

Beispiel. Gegeben sind die rechtwinkligen Koordinaten der Punkte P_1, P_2 und P_3 (3.3)

Punkt	y	x
P_1	529,82	710,07
P_2	618,74	770,89
P_3	548,95	791,40

Gesucht sind die polaren Absteckelemente α, $s_{1,3}$, β, $s_{2,3}$.

$$\tan t_{1,2} = \frac{\Delta y_{1,2}}{\Delta x_{1,2}} = \frac{88,92}{60,82} = 1,46202$$

$$t_{1,2} = 61,8094 \text{ gon}$$

$$t_{2,1} = t_{1,2} + 200 = 261,8094 \text{ gon}$$

$$\tan t_{1,3} = \frac{\Delta y_{1,3}}{\Delta x_{1,3}} = \frac{19,13}{81,33} = 0,23521$$

$$t_{1,3} = 14,7069 \, \text{gon}$$

$$\tan t_{2,3} = \frac{\Delta y_{2,3}}{\Delta x_{2,3}} = \frac{-69,79}{20,51} = -3,40273$$

$$t_{2,3} = 318,1968 \, \text{gon}$$

$$\alpha = 14,7069 - 61,8094 + 400 = 352,8975 \, \text{gon}$$

$$s_{1,3} = \sqrt{\Delta y_{1,3}^2 + \Delta x_{1,3}^2} = \sqrt{19,13^2 + 81,33^2} = 83,55 \, \text{m}$$

$$\beta = 318,1968 - 261,8094 = 56,3874 \, \text{gon}$$

$$s_{2,3} = \sqrt{\Delta y_{2,3}^2 + \Delta x_{2,3}^2} = \sqrt{69,79^2 + 20,51^2} = 72,74 \, \text{m}$$

3.3 Berechnung von rechtwinkligen Koordinaten aus Polarkoordinaten (polare Aufnahme)

Man bezeichnet dies auch als polar angehängten Punkt. Durch den Einsatz der elektronischen Tachymeter hat die polare Aufnahme von Punkten in der Vermessungspraxis an Bedeutung gewonnen. Dabei sind die rechtwinkligen Koordinaten von zwei örtlich bekannten Punkten P_1 und P_2 gegeben und die rechtwinkligen Koordinaten des Punktes P_3 gesucht (3.4). In der Örtlichkeit werden der Winkel β_2 und die Strecke $s_{2,3}$ gemessen.

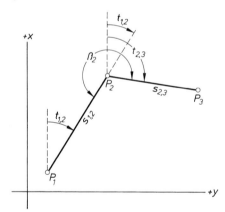

3.4 Polar angehängter Punkt

In der Praxis werden von einem Standpunkt möglichst viele Punkte polar aufgenommen. Es ist

$$\tan t_{1,2} = \frac{y_2 - y_1}{x_2 - x_1} = \frac{\Delta y_{1,2}}{\Delta x_{1,2}}$$

$$t_{2,3} = t_{1,2} + \beta_2 \pm 200 \, \text{gon}$$

$$y_3 = y_2 + s_{2,3} \cdot \sin t_{2,3}$$

$$x_3 = x_2 + s_{2,3} \cdot \cos t_{2,3}$$

Mit elektronischen Tachymetern lassen sich Entfernungen relativ genau messen. Um den Unterschied zwischen der aus den Koordinaten zweier bekannter Punkte berechneten Strecke und der örtlichen Messung zu berücksichtigen, ermittelt man den sogenannten Maßstabsfaktor

$$q = \frac{\sqrt{\Delta y_{1,2}^2 + \Delta x_{1,2}^2}}{s_{1,2}} = \frac{\text{berechnete Strecke}}{\text{gemessene Strecke}}$$

und damit die Koordinaten des neuen Punktes

$$y_3 = y_2 + s_{2,3} \cdot q \cdot \sin t_{2,3}$$
$$x_3 = x_2 + s_{2,3} \cdot q \cdot \cos t_{2,3}$$

Beispiel. Gegeben sind die Koordinaten der Punkte P_1 und P_2 (3.4)

$$y_1 = 340{,}02 \qquad x_1 = 629{,}45$$
$$y_2 = 402{,}30 \qquad x_2 = 723{,}17$$

Mit dem elektronischen Tachymeter wurden örtlich gemessen

$$\beta_2 = 272{,}043 \,\text{gon} \qquad s_{2,3} = 89{,}17 \,\text{m}$$

Die rechtwinkligen Koordinaten des Punktes P_3 sind zu berechnen.

$$\tan t_{1,2} = \frac{\Delta y_{1,2}}{\Delta x_{1,2}} = \frac{62{,}28}{93{,}72} = 0{,}66453$$

$$t_{1,2} = 37{,}3393 \,\text{gon}$$
$$t_{2,3} = t_{1,2} + \beta_2 - 200 = 37{,}3393 + 272{,}0430 - 200 = 109{,}3823 \,\text{gon}$$
$$y_3 = y_2 + s_{2,3} \cdot \sin t_{2,3} = 402{,}30 + 89{,}17 \cdot 0{,}98916 = 490{,}50 \,\text{m}$$
$$x_3 = x_2 + s_{2,3} \cdot \cos t_{2,3} = 723{,}17 + 89{,}17 \cdot -0{,}14684 = 710{,}08 \,\text{m}$$

Vielfach kann die Umrechnung der Koordinaten polar–rechtwinklig oder rechtwinklig–polar mit elektronischen Taschenrechnern nach Eingabe der Ausgangsdaten und Betätigen der entsprechenden Symboltaste direkt erfolgen.

3.4 Koordinatentransformation

Die hier behandelte Transformation oder Umformung von Koordinaten umfaßt die Umrechnung von einem ebenen Koordinatensystem ($\xi - \eta$-System) in ein anderes ($x - y$-System). Hierbei sind die Koordinaten von mindestens 2 Punkten in beiden Systemen bekannt. In Bild **3.5** sind dies die Punkte P_A und P_E mit den Koordinaten $\eta_A, \xi_A, \eta_E, \xi_E$ und y_A, x_A, y_E, x_E. Von den nur im $\xi - \eta$-System bekannten Punkten $P_1, P_2 \ldots P_i$ sollen die Koordinaten im $x - y$-System bestimmt werden. Im Bild **3.5** ist nur Punkt P_i dargestellt. Das $\xi - \eta$-Systen ist gegen das $x - y$-System um den Winkel φ gedreht und um y_0 und x_0 parallel verschoben.

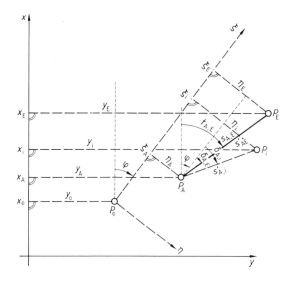

3.5 Koordinatentransformation vom
$\xi-\eta$-System in das $x-y$-System

Zunächst wird die Strecke $s_{A,E}$ aus den gegebenen Koordinaten zweimal berechnet und daraus der Maßstabsfaktor q bestimmt.

$$s_{A,E} = \sqrt{(y_E - y_A)^2 + (x_E - x_A)^2}$$

$$s'_{A,E} = \sqrt{(\eta_E - \eta_A)^2 + (\xi_E - \xi_A)^2}$$

$$(m) \quad q = \frac{s_{A,E}}{s'_{A,E}}$$

Durch Multiplikation mit q werden die Maßstabseinheiten beider Systeme in Übereinstimmung gebracht. Der Drehwinkel φ ergibt sich aus

$$\varphi = t_{A,E} - \delta_{A,E}$$

$$t_{A,E} = \arctan \frac{y_E - y_A}{x_E - x_A} \qquad \delta_{A,E} = \arctan \frac{\eta_E - \eta_A}{\xi_E - \xi_A}$$

Die Koordinaten des Nullpunktes P_0 sind unter Berücksichtigung des Maßstabfaktors q

$$y_0 = y_A - q \cdot \xi_A \cdot \sin \varphi - q \cdot \eta_A \cdot \cos \varphi$$

$$x_0 = x_A + q \cdot \eta_A \cdot \sin \varphi - q \cdot \xi_A \cdot \cos \varphi$$

Die Koordinaten eines Punktes $P_i(\eta_i, \xi_i)$ ergeben sich mit

$$y_i = y_A + q \cdot \sin \varphi \, (\xi_i - \xi_A) + q \cdot \cos \varphi \, (\eta_i - \eta_A)$$

$$x_i = x_A + q \cdot \cos \varphi \, (\xi_i - \xi_A) - q \cdot \sin \varphi \, (\eta_i - \eta_A)$$

und wenn die Polarkoordinaten $(s'_{A,i}, \delta_{A,i})$ gegeben sind

$$y_i = y_A + q \cdot s'_{A,i} \cdot \sin (\varphi + \delta_{A,i})$$

$$x_i = x_A + q \cdot s'_{A,i} \cdot \cos (\varphi + \delta_{A,i})$$

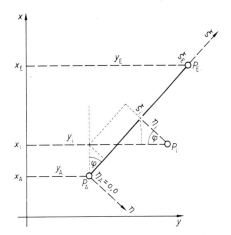

3.6 Koordinatentransformation

Vielfach wird $\overline{P_A - P_E}$ die positive ξ-Achse im $\xi{-}\eta$-System sein (**3.6**). Dann vereinfacht sich die Rechnung. Zunächst wird unter Berücksichtigung des Maßstabes gerechnet:

$$o = \frac{y_E - y_A}{\xi_E} = q \cdot \sin\varphi \qquad a = \frac{x_E - x_A}{\xi_E} = q \cdot \cos\varphi$$

Weiter ist

$$y_i = y_A + o \cdot \xi_i + a \cdot \eta_i$$
$$x_i = x_A + a \cdot \xi_i - o \cdot \eta_i$$

Diese Gleichungen wurden bereits bei der einfachen Koordinatenberechnung beim Einrechnen seitwärts der Linie gelegener Punkte (Teil 1, Abschn. 5.3) mit den entsprechenden Bezeichnungen entwickelt und dazu ein Beispiel gerechnet.

In der Praxis sind vielfach Punkte in der Örtlichkeit abzustecken, deren Koordinaten im Gauß-Krüger-System gegeben sind. Es stellt sich die Aufgabe, die gegebenen $x{-}y$-Koordinaten in ein örtliches $\xi{-}\eta$-System umzurechnen. Auch dieses Ergebnis ist in Bild 3.6 abzulesen.

$$\eta_i = (y_i - y_A)\,a - (x_i - x_A)\,o$$
$$\xi_i = (x_i - x_A)\,a + (y_i - y_A)\,o$$

Die polaren Absteckelemente erhält man nach Abschn. 3.2.

3.5 Koordinaten eines Neupunktes

Bei der Lösung vermessungstechnischer Aufgaben im Bauwesen (Straßen-, Eisenbahn-, Kanalbau usw.) kann es nützlich sein, einen Neupunkt mit seinen Koordinaten zu bestimmen, um von diesem aus die weiteren Vermessungen vorzunehmen (polare Aufnahme, Polygonanschluß usw.).

Sofern die Koordinaten dieses Neupunktes in die amtlichen Verzeichnisse und Karten übernommen werden, fallen die Vermessungsarbeiten hierfür unter die „Hoheitsaufgaben im Vermessungswesen" und dürfen nur von dem in Abschn. 8.1 genannten Personenkreis ausgeführt werden. Die Einpassung der Neupunkte in das vorhandene Netz erfolgt bei Überbestimmung der erforderlichen Rechendaten durch die Ausgleichungsrechnung [1]). Die Behandlung der Ausgleichungsrechnung würde den Rahmen dieses Buches sprengen. Es sei jedoch mit Nachdruck darauf hingewiesen, durch Kontrollmessungen sicherzustellen, daß die Ergebnisse frei von groben und systematischen Fehlern sind.

Die Berechnung der Koordinaten eines Neupunktes erfolgt durch Vorwärtsschnitt, Rückwärtsschnitt, Bogenschnitt – s. a. Abschn. 2.3 – oder über die freie Stationierung.

3.5.1 Vorwärtsschnitt (Vorwärtseinschneiden)

Zur Berechnung der Koordinaten des Punktes C (3.7) wurden in den nach Koordinaten bekannten Punkten A und B die Winkel α und β gemessen. Dabei liegt der Punkt A von C aus betrachtet rechts, Punkt B links. Um eine Kontrolle der Winkelmessung zu finden, sollte auch γ örtlich bestimmt werden. Die Forderung

$$\alpha + \beta + \gamma = 200\,\text{gon}$$

wird nicht erfüllt sein, da die Winkelmessungen nicht fehlerfrei sind. Die sich zeigende Abweichung wird gleichmäßig auf die drei Winkel verteilt.

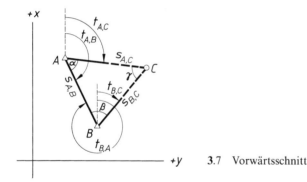

3.7   Vorwärtsschnitt

Zunächst werden nach Abschn. 3.1 der Richtungswinkel $t_{A,B}$ und die Strecke $s_{A,B}$ aus den gegebenen Koordinaten der Punkte A und B gerechnet.

$$\tan t_{A,B} = \frac{y_B - y_A}{x_B - x_A} = \frac{\Delta y_{A,B}}{\Delta x_{A,B}}$$

$$s_{A,B} = \sqrt{\Delta y_{A,B}^2 + \Delta x_{A,B}^2}$$

oder $$s_{A,B} = |\Delta y_{A,B} \cdot \sin t_{A,B}| + |\Delta x_{A,B} \cdot \cos t_{A,B}|$$

---

[1]) Großmann, W.: Geodätische Rechnungen und Abbildungen in der Landesvermessung, 3. Aufl. Stuttgart 1976.

Nach dem Sinussatz findet man dann die Strecken

$$s_{B,C} = s_{A,B} \cdot \frac{\sin \alpha}{\sin \gamma} = s_{A,B} \cdot \frac{\sin \alpha}{\sin (\alpha + \beta)}$$

$$s_{A,C} = s_{A,B} \cdot \frac{\sin \beta}{\sin \gamma} = s_{A,B} \cdot \frac{\sin \beta}{\sin (\alpha + \beta)}$$

Die Richtungswinkel sind

$$t_{A,C} = t_{A,B} - \alpha \quad \text{und} \quad t_{B,C} = t_{B,A} + \beta = t_{A,B} + \beta \pm 200 \, \text{gon}$$

Mit diesen Werten errechnen sich die Koordinaten des Punktes C zweimal unabhängig voneinander.

$$y_C = y_A + s_{A,C} \cdot \sin t_{A,C} \qquad y_C = y_B + s_{B,C} \cdot \sin t_{B,C}$$

$$x_C = x_A + s_{A,C} \cdot \cos t_{A,C} \qquad x_C = x_B + s_{B,C} \cdot \cos t_{B,C}$$

Beispiel. Gegeben sind die Koordinaten der Punkte A und B (**3.7**), die Koordinaten von C sind zu berechnen.

$$y_A = 54\,715,48 \qquad x_A = 23\,434,87$$
$$y_B = 54\,937,21 \qquad x_B = 22\,534,01$$

Örtlich gemessen wurden

$$\alpha = 59,7645 \, \text{gon}$$
$$\beta = 70,8419 \, \text{gon}$$
$$\gamma = 69,3948 \, \text{gon}$$

Die Summe der gemessenen Dreieckswinkel ist $\alpha + \beta + \gamma = 200,0012 \, \text{gon}$. Die Abweichung von $0,0012 \, \text{gon}$ wird gleichmäßig auf die drei Winkel verteilt. Die verbesserten Winkel sind dann

$$\alpha = 59,7641 \, \text{gon}$$
$$\beta = 70,8415 \, \text{gon}$$
$$\underline{\gamma = 69,3944 \, \text{gon}}$$

Summe $\quad = 200,0000 \, \text{gon}$

Nach vorstehenden Formeln findet man weiter

$$\tan t_{A,B} = \frac{y_B - y_A}{x_B - x_A} = \frac{+221,73}{-900,86} = -0,246113$$

$$t_{A,B} = 184,6362 \, \text{gon}$$

$$s_{A,B} = \sqrt{\Delta y_{A,B}^2 + \Delta x_{A,B}^2} = \sqrt{221,73^2 + 900,86^2} = 927,746$$

$$s_{A,B} = |\Delta y_{A,B} \cdot \sin t_{A,B}| + |\Delta x_{A,B} \cdot \cos t_{A,B}| = |221,73 \cdot 0,238998|$$
$$+ |-900,86 \cdot -0,971020| = 927,746$$

$$s_{B,C} = s_{A,B} \cdot \frac{\sin \alpha}{\sin \gamma} = 927,746 \cdot \frac{0,806833}{0,886648} = 844,231$$

$$s_{A,C} = s_{A,B} \cdot \frac{\sin \beta}{\sin \gamma} = 927,746 \cdot \frac{0,896929}{0,886648} = 938,504$$

$$t_{A,C} = t_{A,B} - \alpha = 184{,}6362 - 59{,}7641 = 124{,}8721 \,\text{gon}$$

$$t_{B,C} = t_{A,B} + \beta \pm 200 \,\text{gon} = 184{,}6362 + 70{,}8415 - 200 = 55{,}4777 \,\text{gon}$$

$$y_C = y_A + s_{A,C} \cdot \sin t_{A,C} = 54\,715{,}48 + 938{,}504 \cdot 0{,}924646 = 55\,583{,}26 \,\text{m}$$

$$x_C = x_A + s_{A,C} \cdot \cos t_{A,C} = 23\,434{,}87 + 938{,}504 \cdot -0{,}380827 = 23\,077{,}46 \,\text{m}$$

Zur Kontrolle:

$$y_C = y_B + s_{B,C} \cdot \sin t_{B,C} = 54\,937{,}21 + 844{,}231 \cdot 0{,}765258 = 55\,583{,}26 \,\text{m}$$

$$x_C = x_B + s_{B,C} \cdot \cos t_{B,C} = 22\,534{,}01 + 844{,}231 \cdot 0{,}643724 = 23\,077{,}46 \,\text{m}$$

Wenn von Punkt A nach Punkt B keine direkte Sicht besteht, werden die Richtungswinkel $t_{A,C}$ und $t_{B,C}$ über Anschlußrichtungen zu anderen sichtbaren und koordinierten Punkten D und E (**3.8**) bestimmt: diese Punkte können z. B. Hochpunkte (Kirchtürme) in weiter Entfernung sein. Die Winkel δ und ε werden von dem jeweiligen Fernziel in rechtsläufigem Sinn zum Neupunkt gemessen und damit die Richtungswinkel t_{AC} und $t_{B,C}$ bestimmt.

$$\tan t_{A,D} = \frac{y_D - y_A}{x_D - x_A} \quad \text{und} \quad t_{A,C} = t_{A,D} + \delta$$

$$\tan t_{B,E} = \frac{y_E - y_B}{x_E - x_B} \quad \text{und} \quad t_{B,C} = t_{B,E} + \varepsilon$$

$$\alpha = t_{A,B} - t_{A,C} \qquad\qquad \beta = t_{B,C} - t_{B,A}$$

$s_{B,C}$ und $s_{A,C}$ sowie die Koordinaten des Punktes C werden nach der vorausgegangenen Rechnung ermittelt. Für den Einsatz eines elektr. Rechners können endgültige Formeln für die Koordinaten des Neupunktes nützlich sein. Aus Bild **3.8** entnimmt man

$$\tan t_{A,C} = \frac{y_C - y_A}{x_C - x_A} \quad \text{und daraus} \quad y_C - y_A = (x_C - x_A) \tan t_{A,C}$$

$$\tan t_{B,C} = \frac{y_C - y_B}{x_C - x_B} \quad \text{und daraus} \quad y_C - y_B = (x_C - x_B) \tan t_{B,C}$$

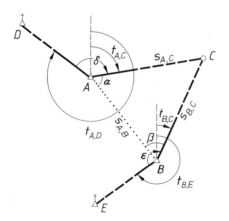

3.8 Vorwärtsschnitt mit Anschlußrichtungen

Durch Subtraktion der beiden rechten Gleichungen findet man

$$x_C = \frac{(y_B - y_A) + x_A \cdot \tan t_{A,C} - x_B \cdot \tan t_{B,C}}{\tan t_{A,C} - \tan t_{B,C}}$$

und weiter

$$y_C = y_B + (x_C - x_B) \tan t_{B,C}$$

Man beachte, daß vom Neupunkt C aus der Punkt A rechts, der Punkt B links liegt.

3.5.2 Rückwärtsschnitt (Rückwärtseinschneiden)

Nach Abb. 3.9 sind die drei Punkte A, B und M (dies können z. B. drei weithin sichtbare Kirchturmspitzen sein) mit ihren Koordinaten gegeben. Die Koordinaten des Neupunktes C sind zu bestimmen. Örtlich werden nur die Winkel φ und ψ gemessen.

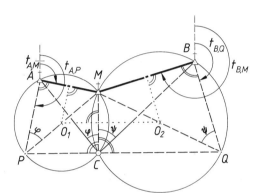

3.9   Rückwärtsschnitt

Zur Vorbereitung der Rechnung errichtet man auf AM, BM und MC jeweils die Mittelsenkrechte, deren Schnitte die Mittelpunkte O_1 und O_2 zweier Kreise mit der gemeinsamen Sehne MC ergeben. Die Verlängerungen von $\overline{MO_1}$ und $\overline{MO_2}$ führen zu den Hilfspunkten P und Q[1]) auf der Peripherie des jeweiligen Kreises, deren Koordinaten zunächst bestimmt werden. Da die Winkel PCM und QCM Rechte sind, ist $\overline{P-C-Q}$ eine Gerade. Damit ist die Rechnung auf die analytische Aufgabe zurückgeführt, das Lot von Punkt M auf $\overline{PQ}$ zu fällen oder die Koordinaten des Schnittpunktes der Geraden $\overline{PQ}$ und der Senkrechten hierzu durch M zu berechnen.

Sofern die vier Punkte A, B, C und M auf einem Kreis liegen, gibt es keine Lösung; hierauf ist bei der Punktauswahl zu achten.

In dem rechtwinkligen Dreieck PAM findet man

$$\overline{AM} = \sqrt{(y_M - y_A)^2 + (x_M - x_A)^2} \qquad \overline{AP} = \overline{AM} \cdot \cot \varphi$$

$$\tan t_{A,M} = \frac{y_M - y_A}{x_M - x_A}$$

---

[1]) Nach der Lösung von Cassini. Es gibt noch mehrere andere Lösungen.

$$y_M - y_A = \overline{AM} \cdot \sin t_{A,M} \qquad x_M - x_A = \overline{AM} \cdot \cos t_{A,M}$$

$$y_P = y_A + \overline{AP} \cdot \sin (t_{A,M} + 100\,\text{gon}) = y_A + \overline{AP} \cdot \cos t_{A,M}$$

$$= y_A + \overline{AM} \cdot \cot \varphi \cdot \cos t_{A,M}$$

$$y_P = y_A + (x_M - x_A) \cdot \cot \varphi$$

$$x_P = x_A + \overline{AP} \cdot \cos (t_{A,M} + 100\,\text{gon}) = x_A - \overline{AP} \cdot \sin t_{A,M}$$

$$= \mathbf{x}_A - \overline{AM} \cdot \cot \varphi \cdot \sin t_{A,M}$$

$$x_P = x_A - (y_M - y_A) \cdot \cot \varphi$$

Aus dem rechtwinkligen Dreieck MBQ entnimmt man

$$\overline{BM} = \sqrt{(y_M - y_B)^2 + (x_M - x_B)^2} \qquad \overline{BQ} = \overline{BM} \cdot \cot \psi$$

$$\tan t_{B,M} = \frac{y_M - y_B}{x_M - x_B}$$

$$y_M - y_B = \overline{BM} \cdot \sin t_{B,M} \qquad x_M - x_B = \overline{BM} \cdot \cos t_{B,M}$$

$$y_Q = y_B + \overline{BQ} \cdot \sin (t_{B,M} - 100\,\text{gon}) = y_B - \overline{BQ} \cdot \cos t_{B,M}$$

$$= y_B - \overline{BM} \cdot \cot \psi \cdot \cos t_{B,M}$$

$$y_Q = y_B - (x_M - x_B) \cdot \cot \psi$$

$$x_Q = x_B + \overline{BQ} \cdot \cos (t_{B,M} - 100\,\text{gon}) = x_B + \overline{BQ} \cdot \sin t_{B,M}$$

$$= x_B + \overline{BM} \cdot \cot \psi \cdot \sin t_{B,M}$$

$$x_Q = x_B + (y_M - y_B) \cdot \cot \psi$$

Nach den Gleichungen für die Berechnung der Koordinaten des Schnittpunktes der Geraden $\overline{PQ} = \text{I}$ und $\overline{CM} = \text{II}$ (s. „Vermessungskunde Teil 1") ist

$$\tan t_{P,Q} = m_1 = \frac{y_Q - y_P}{x_Q - x_P} \qquad \tan t_{C,M} = m_2 = -\frac{1}{m_1}$$

Die Achsenabschnitte b_1, und b_2 sind

$$b_1 = y_P - m_1 \cdot x_P = y_Q - m_1 \cdot x_Q \qquad b_2 = y_M - m_2 \cdot x_M$$

$$x_C = \frac{b_2 - b_1}{m_1 - m_2}$$

$$y_C = \frac{m_1 \cdot b_2 - m_2 \cdot b_1}{m_1 - m_2}$$

Zur Kontrolle sind aus den Koordinaten die Richtungswinkel $t_{C,A}$, $t_{C,M}$ und $t_{C,B}$ und daraus φ und ψ zu berechnen.

Beispiel. Gegeben sind die Koordinaten der Punkte A, M und B (3.9):

Punkt	y	x
A	63 224,18	17 865,10
M	63 750,07	17 764,45
B	64 131,72	18 147,31

Im Punkt C, dessen Koordinaten zu bestimmen sind, wurden gemessen:

$$\varphi = 38,4501 \text{ gon} \qquad \psi = 31,6271 \text{ gon}$$

Für die Berechnung werden die Ordinaten um 63 000 m, die Abszissen um 17 000 m gekürzt. Nach vorstehend entwickelten Formeln ist dann

$$y_P = y_A + (x_M - x_A) \cdot \cot \varphi = 224,18 - 100,65 \cdot 1,44931 = 78,307 \text{ m}$$

$$x_P = x_A - (y_M - y_A) \cdot \cot \varphi = 865,10 - 525,89 \cdot 1,44931 = 102,922 \text{ m}$$

$$y_Q = y_B - (x_M - x_B) \cdot \cot \psi = 1131,72 + 382,86 \cdot 1,84450 = 1837,905 \text{ m}$$

$$x_Q = x_B + (y_M - y_B) \cdot \cot \psi = 1147,31 - 381,65 \cdot 1,84450 = 443,357 \text{ m}$$

$$m_1 = \frac{y_Q - y_P}{x_Q - x_P} = \frac{+1759,598}{+340,435} = +5,16868$$

$$m_2 = -\frac{1}{m_1} = -\frac{1}{5,16868} = -0,19347$$

$$b_1 = y_P - m_1 \cdot x_P = 78,307 - 5,16868 \cdot 102,922 = -453,6639$$

$$b_2 = y_M - m_2 \cdot x_M = 750,07 + 0,19347 \cdot 764,45 = +897,9681$$

$$x_C = \frac{b_2 - b_1}{m_1 - m_2} = \frac{897,9681 + 453,6639}{5,16868 + 0,19347} = 252,07 \text{ m}$$

$$y_C = \frac{m_1 \cdot b_2 - m_2 \cdot b_1}{m_1 - m_2} = \frac{5,16868 \cdot 897,9681 - 0,19347 \cdot 453,6639}{5,16868 + 0,19347} = 849,20 \text{ m}$$

Die Koordinaten des Punktes C sind

$$y_C = 63\,849,20 \qquad x_C = 17\,252,07$$

Kontrollrechnung

$$\tan t_{C,A} = \frac{y_A - y_C}{x_A - x_C} = \frac{224,18 - 849,20}{865,10 - 252,07} = \frac{-625,02}{+613,03}$$

$$\tan t_{C,A} = -1,01956 \qquad\qquad t_{C,A} = 349,3835 \text{ gon}$$

$$\tan t_{C,M} = \frac{y_M - y_C}{x_M - x_C} = \frac{750,07 - 849,20}{764,45 - 252,07} = \frac{-99,13}{+512,38}$$

$$\tan t_{C,M} = -0,19347 \qquad\qquad t_{C,M} = 387,8336 \text{ gon}$$

$$\tan t_{C,B} = \frac{y_B - y_C}{x_B - x_C} = \frac{1131,72 - 849,20}{1147,31 - 252,07} = \frac{+282,52}{+895,24}$$

$$\tan t_{C,B} = +0,31558 \qquad\qquad t_{C,B} = 19,4607 \text{ gon}$$

$$\varphi = t_{C,M} - t_{C,A} = 387,8336 - 349,3835 = 38,4501 \text{ gon}$$

$$\psi = t_{C,B} - t_{C,M} = 419,4607 - 387,8336 = 31,6271 \text{ gon}$$

3.5.3 Bogenschnitt (3.10)

Zur Bestimmung der Koordinaten des Punktes C sind die Strecken $s_{A,C}$ und $s_{B,C}$ gemessen. Aus den gegebenen Koordinaten der Punkte A und B wird gerechnet

$$s'_{A,B} = \sqrt{\Delta y^2_{A,B} + \Delta x^2_{A,B}}$$

$$\tan t_{A,B} = \frac{\Delta y_{A,B}}{\Delta x_{A,B}}$$

$$t_{B,A} = t_{A,B} + 200\,\text{gon}$$

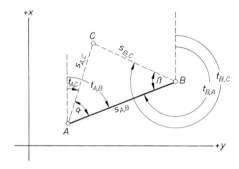

3.10   Bogenschnitt

Nach dem Cosinussatz findet man

$$\cos \alpha = \frac{s^2_{A,C} + s^2_{A,B} - s^2_{B,C}}{2 \cdot s_{A,C} \cdot s_{A,B}}$$

$$\cos \beta = \frac{s^2_{B,C} + s^2_{A,B} - s^2_{A,C}}{2 \cdot s_{B,C} \cdot s_{A,B}}$$

$$t_{A,C} = t_{A,B} - \alpha \qquad t_{B,C} = t_{B,A} + \beta$$

Liegt C auf der anderen Seite von $s_{A,B}$ wechseln die Vorzeichen für α und β. Durch polares Anhängen findet man die Koordinaten von C

$$y_C = y_A + s_{A,C} \cdot \sin t_{A,C} \qquad x_C = x_A + s_{A,C} \cdot \cos t_{A,C}$$

zur Kontrolle

$$y_C = y_B + s_{B,C} \cdot \sin t_{B,C} \qquad x_C = x_B + s_{B,C} \cdot \cos t_{B,C}$$

Wird örtlich zusätzlich die Strecke $s_{A,B}$ gemessen, kann der Maßstabsfaktor

$$q = \frac{s'_{A,B}}{s_{A,B}}$$

bestimmt und berücksichtigt werden.
Die Koordinaten für den Neupunkt C ergeben sich dann mit

$$y_C = y_A + q \cdot s_{A,C} \cdot \sin t_{A,C} \qquad x_C = x_A + q \cdot s_{A,C} \cdot \cos t_{A,C}$$

und den Kontrollen

$$y_C = y_B + q \cdot s_{B,C} \cdot \sin t_{B,C} \qquad x_C = x_B + q \cdot s_{B,C} \cdot \cos t_{B,C}$$

Beispiel. Bekannt sind die Punkte A und B (**3**.10) mit ihren Koordinaten

$$y_A = 54\,218{,}14 \qquad x_A = 23\,819{,}74$$
$$y_B = 54\,809{,}72 \qquad x_B = 24\,045{,}45$$

Als Mittel aus zwei Messungen wurden örtlich bestimmt:

$$s_{A,C} = 452{,}43\,\text{m} \qquad s_{B,C} = 495{,}78\,\text{m} \qquad s_{A,B} = 633{,}12\,\text{m}$$

Die Koordinaten des Punktes C sind zu berechnen.

$$s'_{A,B} = \sqrt{\Delta y^2_{A,B} + \Delta x^2_{A,B}} = \sqrt{591{,}58^2 + 225{,}71^2} = 633{,}18\,\text{m}$$

$$q = \frac{s'_{A,B}}{s_{A,B}} = \frac{633{,}18}{633{,}12} = 1{,}000095$$

$$t_{A,B} = \arctan \frac{\Delta y_{A,B}}{\Delta x_{A,B}} = \arctan \frac{591{,}58}{225{,}71} = 76{,}7959\,\text{gon}$$

$$t_{B,A} = t_{A,B} + 200 = 276{,}7959\,\text{gon}$$

$$\alpha = \arccos \frac{s^2_{A,C} + s^2_{A,B} - s^2_{B,C}}{2 \cdot s_{A,C} \cdot s_{A,B}} = 56{,}7799\,\text{gon}$$

$$t_{A,C} = t_{A,B} - \alpha = 20{,}0160\,\text{gon}$$

$$\beta = \arccos \frac{s^2_{B,C} + s^2_{A,B} - s^2_{A,C}}{2 \cdot s_{B,C} \cdot s_{A,B}} = 50{,}2804\,\text{gon}$$

$$t_{B,C} = t_{B,A} + \beta = 327{,}0763\,\text{gon}$$

$$y_C = y_A + q \cdot s_{A,C} \cdot \sin t_{A,C} = 54\,218{,}14 + 1{,}000095 \cdot 452{,}43 \cdot 0{,}30926 = 54\,358{,}07\,\text{m}$$

$$x_C = x_A + q \cdot s_{A,C} \cdot \cos t_{A,C} = 23\,819{,}74 + 1{,}000095 \cdot 452{,}43 \cdot 0{,}95098 = 24\,250{,}03\,\text{m}$$

zur Kontrolle

$$y_C = y_B + q \cdot s_{B,C} \cdot \sin t_{B,C} = 54\,809{,}72 + 1{,}000095 \cdot 495{,}78 \cdot -0{,}91091 = 54\,358{,}07\,\text{m}$$

$$x_C = x_B + q \cdot s_{B,C} \cdot \cos t_{B,C} = 24\,045{,}45 + 1{,}000095 \cdot 495{,}78 \cdot 0{,}41261 = 24\,250{,}03\,\text{m}$$

3.5.4 Freie Standpunktwahl (freie Stationierung)

Die freie Stationierung ist als vorbereitende Messung für die örtliche Polaraufnahme oder Absteckung anzusehen. Wenn im Vermessungsgebiet keine geeigneten Festpunkte als Standpunkt zur Verfügung stehen, wählt man einen freien Instrumenten-Standpunkt und ermittelt dessen Koordinaten. Bei der Standpunktwahl kann die Topographie, die Bebauung, der Bewuchs, eine Baustelle usw. berücksichtigt werden. Es ist zu beachten, daß von dem Standpunkt aus mindestens zwei nach Koordinaten bekannte Punkte angezielt werden können und zu aufzunehmenden oder abzusteckenden Punkten gute Sicht besteht.

Durch Winkel- und Streckenmessung zu zwei Festpunkten werden die Koordinaten des Standpunktes zunächst in einem örtlichen System gerechnet und dann im Landesnetz bestimmt. Zur Kontrolle wird man zweckmäßig einen weiteren Festpunkt von dem

Standpunkt aus aufnehmen, dessen Koordinaten berechnen und mit den Sollwerten vergleichen. Die auftretenden Abweichungen sollten innerhalb der für die Messung festgelegten Grenzwerte liegen.

Eine Genauigkeitssteigerung ist zu erreichen, wenn mehrere Festpunkte zur Bestimmung des freien Standpunktes in die Messung und in die Berechnung einbezogen werden. Über die Helmerttransformation erhält man dann die Koordinaten des Standpunktes. Diese Berechnungen liegen außerhalb des Rahmens dieses Buches. Es sei auf die Literatur über die Ausgleichsrechnung verwiesen.

Von dem nach den örtlichen Gegebenheiten frei gewählten Standpunkt S (3.11) werden die Richtungen r und die Strecken s zu den nach Koordinaten bekannten Punkten P_1 und P_2 gemessen. Diese Polarkoordinaten r und s werden in ein örtliches rechtwinkliges ξ-η-Koordinatensystem, dessen ξ-Achse mit der Nullrichtung des Teilkreises zusammenfällt, umgerechnet

$$\eta_1 = s_{S,1} \cdot \sin r_1 \qquad \xi_1 = s_{S,1} \cdot \cos r_1$$
$$\eta_2 = s_{S,2} \cdot \sin r_2 \qquad \xi_2 = s_{S,2} \cdot \cos r_2$$

Da die Landeskoordinaten der Punkte P_1 und P_2 bekannt sind, sind dies „identische Punkte" in den ξ-η- und x-y-Systemen. Somit kann die Koordinatentransformation für den Standpunkt S vom ξ-η-System in das x-y-System nach Abschn. 3.4 erfolgen.

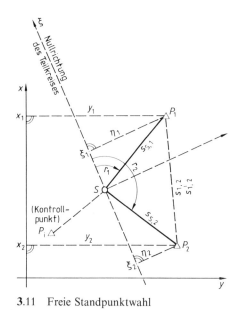

Zur Bestimmung des Maßstabsfaktors q wird die Strecke $s_{1,2}$ in beiden Koordinatensystemen berechnet.

$$s_{1,2} = \sqrt{(y_2 - y_1)^2 + (x_2 - x_1)^2}$$
$$s'_{1,2} = \sqrt{(\eta_2 - \eta_1)^2 + (\xi_2 - \xi_1)^2}$$
$$q = \frac{s_{1,2}}{s'_{1,2}}$$

Drehwinkel $\varphi = t_{1,2} - \delta_{1,2}$

$$t_{1,2} = \arctan \frac{y_2 - y_1}{x_2 - x_1}$$

$$\delta_{1,2} = \arctan \frac{\eta_2 - \eta_1}{\xi_2 - \xi_1}$$

3.11 Freie Standpunktwahl

Man findet die Koordinaten des freien Standpunktes mit

$$y_S = y_1 - q \cdot \xi_1 \cdot \sin \varphi - q \cdot \eta_1 \cdot \cos \varphi$$
$$x_S = x_1 + q \cdot \eta_1 \cdot \sin \varphi - q \cdot \xi_1 \cdot \cos \varphi$$

Die Koordinaten des Standpunktes S können auch direkt aus den gemessenen Polarkoordinaten $(s_{S,1}, r_1)$ abgeleitet werden.

$$y_S = y_1 - q \cdot s_{S,1} \cdot \sin(\varphi + r_1)$$
$$x_S = x_1 - q \cdot s_{S,1} \cdot \cos(\varphi + r_1)$$

Zur Kontrolle wird ein nach Koordinaten bekannter Punkt P_i angezielt, r_i und $s_{S,i}$ gemessen und dessen Koordinaten nach Abschn. 3.3 berechnet.

$$t_{1,S} = \arctan \frac{y_S - y_1}{x_S - x_1}$$
$$t_{S,i} = t_{1,S} + (r_i - r_1) \pm 200 \,\text{gon}$$
$$y_i = y_S + q \cdot s_{S,i} \cdot \sin t_{S,i}$$
$$x_i = x_S + q \cdot s_{S,i} \cdot \cos t_{S,i}$$

Die gerechneten Koordinaten für Punkt P_i müssen mit den gegebenen Koordinaten innerhalb der vorgegebenen Genauigkeit übereinstimmen.

Von den im $x-y$-System gegebenen abzusteckenden Punkten werden nach Abschn. 3.2 die polaren Absteckelemente berechnet und in die Örtlichkeit übertragen. Eine durchgreifende Kontrolle erzielt man, wenn von einem zweiten freien Standpunkt aus die Absteckung erneut erfolgt.

Beispiel. Absteckung eines Gebäudes bei freier Standpunktwahl. Im Teil 1 Abschn. 3.3 ist für ein größeres Gebiet der Vermessungsriß gegeben. Auf den zu vereinigenden Flurstücken 40 und 41 soll eine Werkhalle 23 m × 40 m errichtet werden (**3.12**). Die südliche Gebäudewand 4–5 soll parallel der Linie 1–2 im Abstand $c = 20\,\text{m}$, die östliche Gebäudewand 4–7 rechtwinklig zu 4–5 im Abstand $d = 11\,\text{m}$ vom Punkt 3 verlaufen. Die Gebäudeecken sind über einen frei gewählten Instrumentenstandpunkt abzustecken.

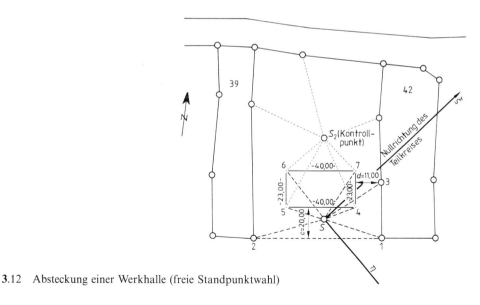

3.12   Absteckung einer Werkhalle (freie Standpunktwahl)

Zunächst erfolgt die Berechnung der Koordinaten der Grenzpunkte als Kleinpunktberechnung nach Abschn. 5 Teil 1 oder über ein Rechenprogramm. Für die Punkte 1 bis 3 ergeben sich danach folgende Koordinaten:

Punkt Nr.	y	x
1	54 913,45	22 940,63
2	54 852,19	22 929,95
3	54 906,32	22 972,64

Die Koordinaten der Gebäude-Eckpunkte sind als Schnittpunkte nach Abschn. 5.4 Teil 1 berechnet. Die Ordinaten sind um 54 000 m, die Abszissen um 22 000 m gekürzt.

4	897,675	958,182
5	858,269	951,312
6	854,319	973,970
7	893,725	980,840

Zur Kontrolle werden die Diagonalen des Gebäudes aus den gegebenen Maßen und den Koordinaten berechnet.

Dies ergibt in allen Fällen

$$D_{4,6} = D_{5,7} = 46,141$$

Zur Absteckung des Gebäudes wird der Standpunkt S örtlich frei gewählt. Es werden dann zu den Festpunkten 1 bis 3 die Richtungen und Strecken gemessen

Standpunkt	Zielpunkt	Richtung r gon	Strecke s m
S	3	14,2535	37,65
	1	74,3014	34,22
	2	230,2430	31,84

Es wird nun ein örtliches rechtwinkliges ξ–η-Koordinatensystem gewählt mit der Nullrichtung des Teilkreises als ξ-Achse, in das die in Polarkoordinaten gegebenen Punkte 1 und 2 eingerechnet werden.

$$\eta_1 = s_{S,1} \cdot \sin r_1 = 34,22 \cdot 0,91962 = 31,469$$

$$\xi_1 = s_{S,1} \cdot \cos r_1 = 34,22 \cdot 0,39280 = 13,442$$

$$\eta_2 = s_{S,2} \cdot \sin r_2 = 31,84 \cdot -0,45739 = -14,563$$

$$\xi_2 = s_{S,2} \cdot \cos r_2 = 31,84 \cdot -0,88927 = -28,314$$

Mit den identischen Punkten 1 und 2 in beiden Koordinatensystemen werden die Koordinaten des Standpunktes im x–y-System unter Berücksichtigung des Maßstabfaktors q und des Drehwinkels φ bestimmt.

$$q = \frac{\sqrt{(y_1 - y_2)^2 + (x_1 - x_2)^2}}{\sqrt{(\eta_1 - \eta_2)^2 + (\xi_1 - \xi_2)^2}} = \frac{\sqrt{61,26^2 + 10,68^2}}{\sqrt{46,032^2 + 41,756^2}} = \frac{62,184}{62,149} = 1,00056$$

$$\varphi = t_{2,1} - \delta_{2,1}$$

$$t_{2,1} = \arctan \frac{y_1 - y_2}{x_1 - x_2} = \arctan \frac{61,26}{10,68} = 89,0117 \, \text{gon}$$

$$\delta_{2,1} = \arctan \frac{\eta_1 - \eta_2}{\xi_1 - \xi_2} = \arctan \frac{46,032}{41,756} = 53,0984 \, \text{gon}$$

$$\varphi = 35{,}9133 \text{ gon}$$

$$y_S = y_1 - q \cdot s_{S,1} \cdot \sin(\varphi + r_1)$$

$$y_S = 913{,}45 - 1{,}00056 \cdot 34{,}22 \cdot \sin(35{,}9133 + 74{,}3014)$$

$$y_S = 879{,}651$$

$$x_S = x_1 - q \cdot s_{S,1} \cdot \cos(\varphi + r_1)$$

$$x_S = 940{,}63 - 1{,}00056 \cdot 34{,}22 \cdot \cos(35{,}9133 + 74{,}3014)$$

$$x_S = 946{,}100$$

Zur Kontrolle werden die Koordinaten des Punktes 3 als polar an S angehängter Punkt gerechnet.

$$y_3 = y_S + q \cdot s_{S,3} \cdot \sin t_{S,3}$$

$$t_{S,3} = t_{S,1} - (r_1 - r_3) = 110{,}2144 - (74{,}3014 - 14{,}2535)$$

$$t_{S,3} = 50{,}1665 \text{ gon}$$

$$y_3 = 879{,}65 + 1{,}00056 \cdot 37{,}65 \cdot 0{,}70895$$

$$y_3 = 906{,}36 \text{ (Soll 906,32)}$$

$$x_3 = x_S + q \cdot s_{S,3} \cdot \cos t_{S,3}$$

$$x_3 = 946{,}10 + 1{,}00056 \cdot 37{,}65 \cdot 0{,}70526$$

$$x_3 = 972{,}67 \text{ (Soll 972,64)}$$

Die Absteckung der Gebäude-Eckpunkte 4 bis 7 erfolgt vom Standpunkt S aus nach der Polarmethode. Die abzusteckenden Richtungen werden auf die Nullrichtung des auf dem Standpunkt stehenden Instruments bezogen.
Es ist

$$r_i = t_{S,i} - \varphi$$

$$t_{S,i} = \arctan \frac{y_i - y_S}{x_i - x_S}$$

$$s_{S,i} = \frac{1}{q} \sqrt{(y_i - y_S)^2 + (x_i - x_S)^2}$$

Für Punkt 4 ergibt dies

$$\tan t_{S,4} = \frac{y_4 - y_S}{x_4 - x_S} = \frac{897{,}675 - 879{,}651}{958{,}182 - 946{,}100} = 1{,}49181$$

$$t_{S,4} = 62{,}4055 \text{ gon}$$

$$r_4 = t_{S,4} - \varphi = 62{,}4055 - 35{,}9133 = 26{,}4922 \text{ gon}$$

$$s_{S,4} = \frac{1}{q} \cdot \sqrt{(y_4 - y_S)^2 + (x_4 - x_S)^2} = \frac{1}{q} \cdot \sqrt{18{,}024^2 + 12{,}082^2}$$

$$s_{S,4} = 0{,}99944 \cdot 21{,}70 = 21{,}69 \text{ m}$$

und entsprechend

für Punkt 5

$$t_{S,5} = 315{,}2212 \text{ gon}$$

$$r_5 = 279{,}3079 \text{ gon}$$

$$s_{S,5} = 22{,}00 \text{ m}$$

für Punkt 6

$$t_{s,6} = 353,0347 \, \text{gon}$$
$$r_6 = 317,1214 \, \text{gon}$$
$$s_{s,6} = 37,64 \, \text{m}$$

für Punkt 7

$$t_{s,7} = 24,5045 \, \text{gon}$$
$$r_7 = 388,5912 \, \text{gon}$$
$$s_{s,7} = 37,46 \, \text{m}$$

Zur Sicherung der Absteckung werden die vorgegebenen Maße örtlich kontrolliert. Berechnung und Absteckung können von einem zweiten freien Standpunkt mit anderen Festpunkten wiederholt werden.

Der gesamte Rechenaufwand erscheint erheblich. Jedoch vereinfachen sich Messung und Berechnung für die freie Stationierung beim Einsatz eines elektronischen Tachymeters, wie in Abschn. 1.3 beschrieben ist.

3.6 Koordinaten der Polygonpunkte

Bei der Polygonzugberechnung bestimmt man mit den Richtungen und Längen der Polygonseiten fortlaufend die Koordinaten der einzelnen Polygonpunkte. Es ist somit ein fortgesetztes „Anhängen von Punkten" nach Abschn. 3.3.

Die Koordinaten der Punkte 1 und 2 in Bild **3.13** seien bekannt und damit auch $t_{1,2}$.

$$\tan t_{1,2} = \frac{y_2 - y_1}{x_2 - x_1} = \frac{\Delta y_{1,2}}{\Delta x_{1,2}}.$$

Dann errechnet sich der Richtungswinkel der Polygonseite $s_{2,3}$ mit

$$t_{2,3} = t_{1,2} + \beta_2 \pm 200 \, \text{gon}$$

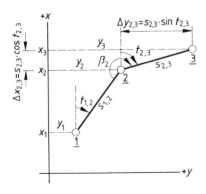

3.13   Berechnen der Koordinaten
      eines Polygonpunktes

und die Koordinaten des Punktes 3 mit

$$y_3 = y_2 + \Delta y_{2,3} = y_2 + s_{2,3} \cdot \sin t_{2,3}$$
$$x_3 = x_2 + \Delta x_{2,3} = x_2 + s_{2,3} \cdot \cos t_{2,3}$$

Diese Rechnung wird von Punkt zu Punkt fortgesetzt. Die Strecke ist dabei immer positiv, während die Funktionen sin und cos mit den Vorzeichen ihrer Quadranten einzusetzen sind (Tafel **3**.14).

Tafel **3**.14 sin- und cos-Funktionen in den vier Quadranten

Funktion	I. Quadrant $\delta = t$	II. Quadrant $\delta = t - 100\,\text{gon}$	III. Quadrant $\delta = t - 200\,\text{gon}$	IV. Quadrant $\delta = t - 300\,\text{gon}$
$\sin t$	$+\sin \delta$	$+\cos \delta$	$-\sin \delta$	$-\cos \delta$
$\cos t$	$+\cos \delta$	$-\sin \delta$	$-\cos \delta$	$+\sin \delta$

Taschenrechner geben nach Eingabe des Winkels und Drücken der Funktionstaste den vorzeichentreuen Funktionswert an.

Die Berechnung der Koordinatenunterschiede $\Delta y = s \cdot \sin t$ und $\Delta x = s \cdot \cos t$ kann durch eine Rechenprobe gesichert werden. Hierzu wird der Richtungswinkel um 50 gon vergrößert. Nach den Additionstheoremen ist

$$\sin (t + 50\,\text{gon}) = \sin t \cdot \cos 50\,\text{gon} + \cos t \cdot \sin 50\,\text{gon}$$

Mit $\sin 50\,\text{gon} = \cos 50\,\text{gon} = \frac{1}{2}\sqrt{2} = \frac{1}{\sqrt{2}}$ wird

$$\sin (t + 50\,\text{gon}) = \frac{1}{\sqrt{2}} (\sin t + \cos t)$$

$$\sqrt{2} \cdot \sin (t + 50\,\text{gon}) = \sin t + \cos t$$

Die Gleichung wird mit s erweitert

$$s\sqrt{2} \cdot \sin (t + 50\,\text{gon}) = s \cdot \sin t + s \cdot \cos t = \Delta y + \Delta x$$

3.6.1 Beidseitig richtungs- und lagemäßig angeschlossener Polygonzug

Die Berechnung eines Polygonzuges (3.15) erfolgt schrittweise. Zunächst werden der Anschlußrichtungswinkel $t_{B,A}$ und der Abschlußrichtungswinkel $t_{E,Z}$ aus den Koordinatenunterschieden der gegebenen Punkte nach Abschn. 3.1 berechnet. Sodann sind die Richtungswinkel der einzelnen Polygonseiten zu bestimmen:

$$t_{A,1} = t_{B,A} + \beta_A \pm 200\,\text{gon}$$
$$t_{1,2} = t_{A,1} + \beta_1 \pm 200\,\text{gon}$$
$$t_{2,E} = t_{1,2} + \beta_2 \pm 200\,\text{gon}$$
$$t_{E,Z} = t_{2,E} + \beta_E \pm 200\,\text{gon}$$

3.15   Beidseitig angeschlossener Polygonzug
(zum Beispiel S. 66)

Die Addition dieser Gleichungen ergibt

$$t_{E,Z} = t_{B,A} + [\beta] \pm n \cdot 200 \, \text{gon}$$

d.h., der Abschlußrichtungswinkel $t_{E,Z}$ ist gleich dem Anschlußrichtungswinkel $t_{B,A}$ plus der Summe aller Brechungswinkel $\pm$ einem Vielfachen von 200 gon. Diese Gleichung ist nicht restlos zu erfüllen, da die Messungen nicht fehlerfrei sind. Es stellt sich eine Winkelabweichung w_β ein.

$$w_\beta = t_{E,Z} - (t_{B,A} + [\beta]) \pm n \cdot 200 \, \text{gon}$$

$$n = \text{Anzahl der Brechungswinkel}$$

Sofern die Winkelabweichung innerhalb der auf S. 41 genannten Grenzen F_W bleibt, wird sie gleichmäßig auf die einzelnen Brechungswinkel verteilt. Mit den verbesserten Brechungswinkeln rechnet man nun die endgültigen Richtungswinkel der einzelnen Polygonseiten, dabei muß man am Schluß den Abschlußrichtungswinkel $t_{E,Z}$ erhalten. Mit den Richtungswinkeln und Strecken werden die Koordinatenunterschiede ermittelt.

$$\Delta y_{A,1} = s_{A,1} \cdot \sin t_{A,1} = y_1 - y_A \qquad \Delta x_{A,1} = s_{A,1} \cdot \cos t_{A,1} = x_1 - x_A$$

$$\Delta y_{1,2} = s_{1,2} \cdot \sin t_{1,2} = y_2 - y_1 \qquad \Delta x_{1,2} = s_{1,2} \cdot \cos t_{1,2} = x_2 - x_1$$

$$\Delta y_{2,E} = s_{2,E} \cdot \sin t_{2,E} = y_E - y_2 \qquad \Delta x_{2,E} = s_{2,E} \cdot \cos t_{2,E} = x_E - x_2$$

Die Additionen dieser Gleichungen ergeben

$$[\Delta y] = [s \cdot \sin t] = y_E - y_A \qquad [\Delta x] = [s \cdot \cos t] = x_E - x_A$$

Auch diese Gleichungen werden nicht erfüllt sein. Die auftretende Koordinatenabweichung ist
in Ordinatenrichtung

$$w_y = (y_E - y_A) - [s \cdot \sin t]$$

und in Abszissenrichtung

$$w_x = (x_E - x_A) - [s \cdot \cos t]$$

Die Koordinatenabweichungen w_y und w_x werden auf die Koordinatenunterschiede Δy und Δx proportional der Streckenlänge verteilt. Die Verbesserungen sind

$$v_{y_i} = \frac{w_y}{[s]} \cdot s_i \qquad v_{x_i} = \frac{w_x}{[s]} \cdot s_i$$

Mit w_y und w_x findet man die lineare Abweichung

$$w_s = \sqrt{w_y^2 + w_x^2}$$

die innerhalb der in Teil 1 angegebenen zulässigen Abweichungen für Längenmessungen liegen soll. Diese lineare Abweichung wird bei einfachen Polygonzügen gebildet. Bei Gerüstpolygonzügen wird die Koordinatenabweichung in die Längsabweichung L und die lineare Querabweichung Q umgerechnet. Sie geben Aufschluß über die Güte des Polygonzuges, da sie die Längs- und Querabweichung des Zuges unabhängig von seiner Lage im Koordinatensystem angeben.

L und Q sind rechnerisch oder zeichnerisch zu bestimmen.

Zunächst die rechnerische Bestimmung. Der mit den gemessenen Werten durchgerechnete Polygonzug endet nicht in dem gegebenen Endpunkt E, sondern in E'. Aus Bild 3.16 sind für die Längs- und Querabweichung direkt zu entnehmen

$$L = w_y \sin \varphi' + w_x \cos \varphi'$$

$$Q = w_y \cos \varphi' - w_x \sin \varphi'$$

$$\sin \varphi' = \frac{[\Delta y]}{S'}$$

$$\cos \varphi' = \frac{[\Delta x]}{S'}$$

$$S' = \sqrt{[\Delta y]^2 + [\Delta x]^2}$$

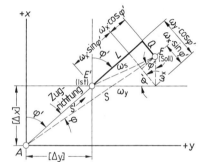

3.16   Längs- und Querabweichung

Längsabweichung

$$L = \frac{1}{S'} (w_y [\Delta y] + w_x [\Delta x]) = \frac{w_y \cdot [\Delta y] + w_x \cdot [\Delta x]}{\sqrt{[\Delta y]^2 + [\Delta x]^2}}$$

Querabweichung

$$Q = \frac{1}{S'} (w_y [\Delta x] - w_x [\Delta y]) = \frac{w_y \cdot [\Delta x] - w_x \cdot [\Delta y]}{\sqrt{[\Delta y]^2 + [\Delta x]^2}}$$

Damit der Polygonzug in dem gegebenen Punkt endet, werden alle Polygonseiten mit dem Vergrößerungsfaktor $q = \dfrac{S}{S'}$ multipliziert und der Polygonzug um φ gedreht.

$$q = \frac{S}{S'} = \frac{S' + L}{S'} = 1 + \frac{L}{S'}$$

$$q - 1 = \frac{L}{S'} \text{ und in Verbindung mit dem Ausdruck für } L$$

$$q - 1 = \frac{w_y [\Delta y] + w_x [\Delta x]}{[\Delta y]^2 + [\Delta x]^2}$$

relative Längsabweichung (Längenausdehnung für 1 m)

Weiter ist $\operatorname{arc}\varphi = \dfrac{Q}{S}$ und mit der Gleichung für Q

$$\operatorname{arc}\varphi = \frac{w_y[\Delta x] - w_x[\Delta y]}{[\Delta y]^2 + [\Delta x]^2}$$

relative Querabweichung (auf 1 m Längenausdehnung)

$[\Delta y]$ und $[\Delta x]$ werden nur mit Metergenauigkeit gebraucht; sie können aus den gegebenen Koordinaten ermittelt werden.

$$[\Delta y] \approx y_E - y_A \qquad \text{und} \qquad [\Delta x] \approx x_E - x_A$$

$$L = S(q-1) \qquad S = \sqrt{[\Delta y]^2 + [\Delta x]^2} \qquad Q = S \cdot \operatorname{arc}\varphi$$

und zur Kontrolle $w_x^2 + w_y^2 = L^2 + Q^2$

Die graphische Bestimmung von L und Q ist einfach und von gleicher Genauigkeit.

Aus den Koordinatenunterschieden des Anfangs- und Endpunktes wird die Zugrichtung $A - E'$ gerechnet und aufgetragen (3.17). Von E' werden im großen Maßstab (1:10 oder 1:5) die Koordinatenabweichungen w_y und w_x abgesetzt und damit E gefunden. Die Projektion von E auf die Zugrichtung ergibt L und Q.

Für die Bestimmung des Vorzeichens von L und Q betrachtet man den Zug vom Anfangspunkt aus. Liegt L über E' hinaus, ist es positiv; liegt L zwischen A und E' ist es negativ. Q ist rechts von $A - E'$ positiv, links dieser Linie negativ. In Bild 3.16 sind L und Q positiv, in Bild 3.17 sind beide Werte negativ, in Bild 3.19 ist L positiv und Q negativ. Für die Längs- und Querabweichungen sind zulässige Werte festgesetzt.

3.17   Graphische Bestimmung von L und Q

Größte zulässige Längsabweichung in m:

$$F_L = 0{,}004\,\sqrt{S} + 0{,}00015\,S + 0{,}06$$

Größte zulässige lineare Querabweichung in m:

$$F_Q = 0{,}005\,n\,\sqrt{n} + 0{,}00007\,S + 0{,}06$$

n = Anzahl der Brechungspunkte einschl. Anfangs- und Endpunkt

S = Strecke zwischen Anfangs- und Endpunkt des Polygonzuges in m

Die zulässigen Abweichungen sind in Gebieten mit hohem Grundstückswert zu halbieren.

Beispiel. Die Koordinaten der Polygonpunkte 1 und 2 des örtlich gemessenen Polygonzuges $A - E$ sind zu berechnen (3.15). Der Polygonzug ist in den Punkten A und E lage- und richtungsmäßig angeschlossen. (Aus Platzgründen wurde ein Polygonzug mit nur zwei Polygonpunkten gewählt.)

Gegeben sind die Landeskoordinaten der Anfangs- und Endpunkte A und E sowie der Richtungsanschlußpunkte B und Z. Die Koordinaten sind Koordinatenverzeichnissen, die bei den staatlichen Vermessungsdienststellen geführt werden, zu entnehmen.

Punkt	Rechtswert (y)	Hochwert (x)
A	4 522 576,18	5 892 347,58
B	2 209,15	1 158,52
E	2 956,26	2 248,21
Z	3 438,46	1 950,69

Die Brechungswinkel wurden in zwei Halbsätzen, die Strecken doppelt gemessen. Die angegebenen Werte sind das Mittel aus zwei Messungen.

Brechungswinkel:

$$\beta_A = 317,087 \, \text{gon} \qquad \beta_1 = 179,452 \, \text{gon}$$

$$\beta_2 = 176,671 \, \text{gon} \qquad \beta_E = 242,915 \, \text{gon}$$

Polygonseiten:

$$s_{A,1} = 157,86 \, \text{m} \qquad s_{1,2} = 123,66 \, \text{m} \qquad s_{2,E} = 127,90 \, \text{m}$$

Die Anschlußrichtungswinkel $t_{B,A}$ und $t_{E,Z}$ werden nach Abschn. 3.1 berechnet

$$\tan t_{B,A} = \frac{\Delta y_{B,A}}{\Delta x_{B,A}} = \frac{367,03}{1189,06} = 0,30867 \qquad t_{B,A} = 19,060 \, \text{gon}$$

$$\tan t_{E,Z} = \frac{\Delta y_{E,Z}}{\Delta x_{E,Z}} = \frac{482,20}{-297,52} = -1,62073 \qquad t_{E,Z} = 135,194 \, \text{gon}$$

Rechengang im Vordruck Tafel **3**.18

Es werden eingetragen:

1. Punktnummern einschließlich der Anschlußpunkte in Sp. 1 und 6,
2. Brechungswinkel β auf mgon in Sp. 2 neben dem betreffenden Polygonpunkt,
3. Strecken s in Sp. 3,
4. gegebene Koordinaten des Anfangs- und Endpunktes A und E in Sp. 4 und 5,
5. die berechneten Anschlußrichtungswinkel $t_{B,A}$ und $t_{E,Z}$ auf die Linien zwischen B und A bzw. E und Z der Sp. 2.

Damit sind alle gegebenen Werte in dem Vordruck vermerkt.

6. In Sp. 2 wird die Summe $t_{B,A} + [\beta]$ gebildet (935, 185) und unter $t_{E,Z}$ geschrieben.
7. Die Differenz $t_{E,Z} - (t_{B,A} + [\beta]) \pm n \cdot 200 \, \text{gon}$, also Sollwert minus Istwert, ergibt die Winkelabweichung w_β; sie ist gleichmäßig auf die Brechungswinkel zu verteilen; der zulässige Grenzwert F_W der Winkelabweichung wird in Klammern dazugesetzt.
8. Die Richtungswinkel für die einzelnen Polygonseiten werden in Sp. 2 nach $t_{B,A} + \beta_A \pm 200 \, \text{gon} = t_{A,1}$; $t_{A,1} + \beta_1 \pm 200 \, \text{gon} = t_{1,2}$ usw. berechnet; als letzter Richtungwinkel muß $t_{E,Z} = 135,194$ herauskommen.
9. In Sp. 3 wird $[s]$ auf Metergenauigkeit gebildet.

Tafel **3.18** Koordinatenberechnung des beidseits angeschlossenen Polygonzuges

1	2	3	4	5	6
Punkt	Richtungs-winkel t Brechungs-winkel β	s	$\Delta y = s \cdot \sin t$ y	$\Delta x = s \cdot \cos t$ x	Punkt
	gon	m	m	m	
B	19,060				
A	+3 317,087		2576,18	2347,58	A
	136,150	157,86	+3 +133,09	+2 −84,90	
1	+2 179,452		2709,30	2262,70	1
	115,604	123,66	+2 119,96	+2 −30,01	
2	+2 176,671		2829,28	2232,71	2
	92,277	127,90	+2 +126,96	+2 +15,48	
E	+2 242,915		2956,26	2248,21	E
	135,194		+380,08	−99,37 (Soll)	
Z	935,185 $= t_{\mathrm{B,A}} + [\beta]$	409 = [s]	+380,01	−99,43 (Ist)	
	$w_\beta = +9$ $(F_\mathrm{W} = 26)$		$w_\mathrm{y} = +7$ $L = +0{,}05 \ (0{,}20)$	$w_\mathrm{x} = +6$ $Q = -0{,}08 \ (0{,}13)$	

10. Die vorläufigen Koordinatenunterschiede $\Delta y = s \cdot \sin t$ und $\Delta x = s \cdot \cos t$ werden in Sp. 4 und 5 eingetragen. Sodann werden $[\Delta y]$ und $[\Delta x]$ gebildet und unter die Differenzwerte $(y_\mathrm{E} - y_\mathrm{A})$ bzw. $(x_\mathrm{E} - x_\mathrm{A})$ geschrieben. Die Differenz beider Werte – wieder Sollwert minus Istwert – ist w_y bzw. w_x. Diese sind proportional der Streckenlängen zu verteilen. Man rechnet hierfür $\dfrac{w_\mathrm{y}}{[s]} = \dfrac{+0{,}07}{409} = +0{,}00017$ und multipliziert die einzelnen Strecken mit diesem Wert. Analog $\dfrac{w_\mathrm{x}}{[s]} = \dfrac{+0{,}06}{409} = +0{,}00015$. Die Verbesserungen stehen über den Koordinatenunterschieden.

11. Mit den verbesserten Koordinatenunterschieden werden durch fortlaufende Addition die gesuchten Koordinaten in Sp. 4 und 5 gefunden.

12. Bestimmen der Längsabweichung L und der Querabweichung Q.

Längs- und Querabweichung (rechnerisch)

$$q - 1 = \frac{w_y[\Delta y] + w_x[\Delta x]}{[\Delta y]^2 + [\Delta x]^2} = \frac{0,07 \cdot 380 - 0,06 \cdot 99}{154\,335} = +0,000134$$

$$\mathrm{arc}\,\varphi = \frac{w_y[\Delta x] - w_x[\Delta y]}{[\Delta y]^2 + [\Delta x]^2} = \frac{-0,07 \cdot 99 - 0,06 \cdot 380}{154\,335} = -0,000193$$

$$S = \sqrt{[\Delta y]^2 + [\Delta x]^2} = \sqrt{380^2 + 99^2} = 393$$

$$L = S(q - 1) = +0,05\,(0,20) \qquad Q = S \cdot \mathrm{arc}\,\varphi = -0,08\,(0,13)$$

Die Klammerwerte sind die zulässigen Grenzwerte nach den Formeln S. 66.

Längs- und Querabweichung (zeichnerisch) (**3.**19)

Zur Richtungsbestimmung trägt man in kleinem Maßstab

$$[\Delta y] = 380,08 \qquad \text{und} \qquad [\Delta x] = -99,37$$

und im Maßstab 1:5

$$w_y = +0,07 \qquad \text{und} \qquad w_x = +0,06$$

auf. Aus Bild **3.**19 entnimmt man $L = +0,05$ und $Q = -0,08$.

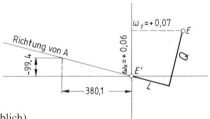

3.19   Graphische Bestimmung von L und Q (maßstäblich)

3.6.2 Richtungsmäßig einseitig, lagemäßig beidseitig angeschlossener Polygonzug

Dieser Fall würde eintreten, wenn in dem vorstehenden Beispiel der Richtungsabschluß $t_{E,Z} = 135,194$ gon nicht gegeben wäre. In dem beschriebenen Rechengang könnte unter 5. nur $t_{B,A}$ eingetragen werden. Weiter entfallen die Ziffern 6. und 7., da eine Winkelabweichung nicht zu bestimmen ist, und unter 8. wäre der letzte Richtungswinkel $t_{2,E}$.

Man kann jedoch durch exzentrische Beobachtung den Richtungsabschluß rechnerisch bestimmen und so den Polygonzug beiderseits richtungsmäßig anschließen.

3.6.2.1 Indirekte Bestimmung des Richtungsanschlusses

Es können mehrere Fälle auftreten, die für den Anfangspunkt A wie für den Endpunkt E gleichermaßen gelten.

1. Exzentrischer Richtungsanschluß vom letzten Polygonpunkt aus

Im Endpunkt E des Polygonzuges ist kein Anschlußpunkt zu sehen, jedoch vom letzten Polygonpunkt 8 aus (**3.20**). In 8 werden die Richtungen nach 7, E und Z gemessen und daraus β_8 und δ bestimmt. Die Strecke $E - Z = s_{E,Z}$ berechnet man aus den Koordinaten von E und Z. Weiter ist

$$\frac{\sin \varepsilon}{\sin \delta} = \frac{s_{8,E}}{s_{E,Z}} \qquad \sin \varepsilon = \frac{s_{8,E}}{s_{E,Z}} \sin \delta$$

$$\beta_E = 200 \, \text{gon} \pm (\delta + \varepsilon)$$

$s_{8,E}$ ist sehr genau zu messen und soll ungefähr die durchschnittliche Länge der Polygonseiten haben und wenn möglich $> \frac{1}{5} s_{E,Z}$ sein.

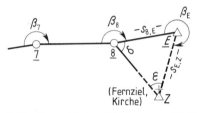

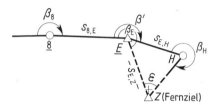

3.20   Exzentrischer Richtungsanschluß vom letzten Polygonpunkt aus

3.21   Exzentrischer Richtungsanschluß über einen Hilfspunkt

2. Exzentrischer Richtungsanschluß über einen Hilfspunkt

Der Anschlußpunkt Z ist nur von dem Hilfspunkt H, aber nicht von E und dem letzten Polygonpunkt 8 sichtbar (**3.21**). Außer den Polygonseiten und -winkeln sind β', β_H und $s_{E,H}$ zu messen. Dabei wird $s_{E,H}$ ungefähr die Länge der Polygonseiten erhalten und sehr genau gemessen. $s_{E,Z}$ ist aus den Koordinaten von E und Z zu bestimmen. Nach dem Sinussatz findet man

$$\frac{\sin \varepsilon}{\sin (400 - \beta_H)} = \frac{s_{E,H}}{s_{E,Z}} \qquad \sin \varepsilon = \frac{s_{E,H}}{s_{E,Z}} \sin (400 - \beta_H)$$

$$\beta_E = \beta' + \beta_H - \varepsilon - 200 \, \text{gon}$$

3. Exzentrischer Richtungsanschluß über einen nahen Nebenpunkt

Der Anschlußpunkt Z ist nur von einem Nebenpunkt N in unmittelbarer Nähe (unter 30 m) des Endpunktes E zu sehen (**3.22**). Außer den Polygonseiten und -winkeln werden β', β_N und e gemessen. Die Exzentrizität e ist möglichst klein zu wählen und sehr genau zu messen. Nach dem Sinussatz findet man aus beiden Dreiecken

$$\sin \delta = \frac{e}{s_{8,E}} \sin \beta_N \qquad \sin \varepsilon = \frac{e}{s_{E,Z}} \sin (\beta' - \beta_N)$$

δ und ε können positiv oder negativ sein.

$$\beta_E = \beta' + \delta + \varepsilon$$

Wenn N in der Polygonseite $s_{8,E}$ liegt, wird $\delta = 0$; das vereinfacht die Rechnung.

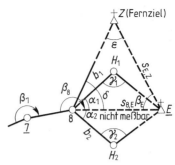

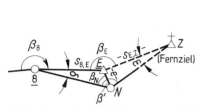

3.22   Exzentrischer Richtungsanschluß
über einen Nebenpunkt

3.23   Polygonanschluß an einen Hochpunkt

4. Polygonanschluß an einen Hochpunkt

Der Anschlußpunkt E ist ein Hochpunkt (Kirche, Schornstein), so daß der Brechungs-winkel β_E und die Polygonseite $s_{8,E}$ nicht zu messen sind. Man bestimmt $s_{8,E}$ aus zwei Hilfsdreiecken zweimal unabhängig voneinander (3.23). Die Hilfsdreiecke können auf verschiedenen Seiten oder auf derselben Seite von $s_{8,E}$ liegen. Eine solche Messungsanord-nung für eine nicht meßbare Entfernung ist auch beim Überbrücken von Flußläufen, Schluchten usw. anzuwenden.

Gemessen werden im Punkt 8 die Richtungen nach 7, Z, H_1, E, H_2 sowie γ_1, γ_2, b_1 und b_2. Die Winkel β_8, δ, α_1 und α_2 leiten sich aus dem Richtungssatz in Punkt 8 ab. Die Strecke $s_{E,Z}$ erhält man aus den Koordinatenunterschieden von E und Z.

$$\frac{\sin \gamma_1}{\sin (\alpha_1 + \gamma_1)} = \frac{s_{8,E}}{b_1} \qquad s_{8,E} = \frac{\sin \gamma_1}{\sin (\alpha_1 + \gamma_1)} b_1$$

$$\frac{\sin \gamma_2}{\sin (\alpha_2 + \gamma_2)} = \frac{s_{8,E}}{b_2} \qquad s_{8,E} = \frac{\sin \gamma_2}{\sin (\alpha_2 + \gamma_2)} b_2$$

Die beiden Werte für $s_{8,E}$ werden gemittelt.

$$\frac{\sin \varepsilon}{\sin \delta} = \frac{s_{8,E}}{s_{E,Z}} \qquad \sin \varepsilon = \frac{s_{8,E}}{s_{E,Z}} \sin \delta$$

$$\beta_E = 200 \, \text{gon} \pm (\delta + \varepsilon)$$

Es ist nicht erforderlich, die ganze Strecke $s_{8,E}$ indirekt zu bestimmen. In dicht bebauten Ortslagen kann es vorkommen, daß ein Teil der letzten (ersten) Polygonseite direkt gemessen und der Rest über eine Basis indirekt bestimmt wird.

5. Richtungsanschluß über einen besonderen Anschlußzug

Weder vom Endpunkt E noch von Punkten in der Umgebung ist der Anschlußpunkt Z_1 zu sehen. Der Richtungsanschluß kann durch einen besonderen Anschlußzug, in dem nur die Winkel zu messen sind, gewonnen werden (3.24).

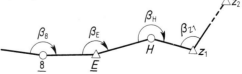

3.24   Richtungsanschluß über
besonderen Anschlußzug

Der Hilfspunkt H (es können auch mehrere Hilfspunkte sein) liegt zwischen E und Z_1, von dem ein weiterer bekannter Punkt Z_2 zu sehen ist. Der Polygonzug wird richtungsmäßig von B über $A, 1, 2 \ldots 8, E, H, Z_1$ bis Z_2 gerechnet, lagemäßig aber nur von A bis E. Die beiden Brechungswinkel in den Punkten H und Z_1 sind in diesem Fall zusätzlich zu messen.

3.6.3 Nur einseitig richtungs- und lagemäßig angeschlossener Polygonzug

Dieser Fall tritt ein, wenn in dem Polygonzug 3.15 (Beisp. Taf. 3.18) die Punkte E und Z nicht gegeben sind. Die Berechnung der Koordinaten der Neupunkte ist dann auch möglich, jedoch ist weder eine Winkel- noch eine Koordinatenabweichung zu bestimmen und deshalb auch keine Verteilung der Abweichungen vorzunehmen. Messung und Rechnung bleiben unkontrolliert. Ein durchgerechnetes Beispiel gibt Tafel 6.52 wieder.

3.6.4 Beidseitig nur lagemäßig angeschlossener Polygonzug

Der Richtungswinkel der ersten Polygonseite von A nach 1 (3.25) wird einer Karte entnommen und mit diesem der Polygonzug $A-1'-2'-E'$ berechnet. Der Zug endet rechnerisch in E' und nicht in E. Der Winkel, um den $A-E'$ verschwenkt werden muß, ist $\Delta t = t_{A,E} - t_{A,E'}$. Die Richtungswinkel $t_{A,E}$ und $t_{A,E'}$ sowie die Strecken $A-E$ und $A-E'$ werden aus den Koordinatenunterschieden gewonnen.

$$\tan t_{A,E} = \frac{y_E - y_A}{x_E - x_A} \qquad \tan t_{A,E'} = \frac{y_{E'} - y_A}{x_{E'} - x_A}$$

$$A-E = \sqrt{\Delta y_{A,E}^2 + \Delta x_{A,E}^2} \qquad A-E' = \sqrt{\Delta y_{A,E'}^2 + \Delta x_{A,E'}^2}$$

Der Vergleich dieser Strecken miteinander ist die einzige Kontrolle. Um Δt sind alle Richtungswinkel der Polygonseiten zu verbessern und die gemessenen Strecken mit dem Maßstabsfaktor $q = \dfrac{A-E}{A-E'}$ zu multiplizieren. Mit den verbesserten Werten wird der Polygonzug nochmals durchgerechnet. Eine weitere Möglichkeit ist, den Zug $A-E'$ auf $A-E$ einzuschwenken ($A-E'$ auf $A-E$ zu transformieren).

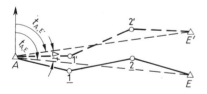

3.25   Beidseitig lagemäßig angeschlossener Polygonzug

3.6.5 Geschlossener Polygonzug

Die Seiten s und die Brechungswinkel β werden gemessen (3.26). Da kein Anschluß an ein übergeordnetes Koordinatensystem besteht, wird ein örtliches Koordinatensystem gewählt. Dabei wird zweckmäßig eine Polygonseite die x-Achse und ein Polygonpunkt dieser Seite der Koordinaten-Nullpunkt sein. Die Winkelmessung wird über die Winkelsumme im Vieleck geprüft: Summe der Außenwinkel $= (n+2)\,200\,\text{gon}$; Summe der Innenwinkel $= (n-2)\,200\,\text{gon}$.

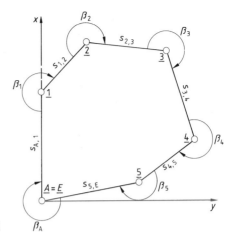

3.26   Geschlossener Polygonzug

Die Winkelabweichung ist

$$\omega_\beta = (n + 2)\,200\,\text{gon} - [\beta]$$

Die Winkelabweichung soll innerhalb der zulässigen Grenzwerte nach Abschn. 2.4.5 liegen. Sie wird gleichmäßig auf die einzelnen Brechungswinkel verteilt. Dann werden die Richtungswinkel der Polygonseiten berechnet:

$$t_{A,1} = 0{,}000$$
$$t_{1,2} = t_{A,1} + \beta_1 \pm 200\,\text{gon}$$
$$t_{2,3} = t_{1,2} + \beta_2 \pm 200\,\text{gon}\quad\text{usw.}$$

Weiter ist allgemein

$$\Delta y_{i-1,i} = s_{i-1,i} \cdot \sin t_{i-1,i}$$
$$\Delta x_{i-1,i} = s_{i-1,i} \cdot \cos t_{i-1,i}$$

Der Polygonzug kehrt zum Ausgangspunkt zurück. Somit ist

$$y_E - y_A = 0 \qquad x_E - x_A = 0$$

Daraus folgen die Koordinatenabweichungen

$$w_y = 0 - [s \cdot \sin t] \qquad w_x = 0 - [s \cdot \cos t]$$

und die lineare Abweichung

$$w_s = \sqrt{w_y^2 + w_x^2}$$

w_y und w_x werden auf die Koordinatenunterschiede proportional zu den gemessenen Strecken verteilt. Die Verbesserungen sind

$$v_{y_i} = \frac{w_y}{[s]} \cdot s_i \qquad v_{x_i} = \frac{w_x}{[s]} \cdot s_i$$

Beispiel. Um ein aufzunehmendes Industrieprojekt ist der geschlossene Polygonzug $A-1-2-3-A$ gelegt (3.28). Die Koordinaten der Polygonpunkte sind zu berechnen; als x-Achse wird die Polygonseite $s_{A,1}$ gewählt. Örtlich wurden folgende Brechungswinkel und Strecken mit einem elektronischen Tachymeter gemessen. Die angegebenen Werte sind bereits aus zwei Messungen gemittelt.

Brechungswinkel

$\beta_A = 277{,}890$ gon $\beta_1 = 289{,}728$ gon

$\beta_2 = 299{,}177$ gon $\beta_3 = 333{,}191$ gon

Strecken

$s_{A,1} = 87{,}30$ m $s_{1,2} = 58{,}45$ m

$s_{2,3} = 127{,}48$ m $s_{3,E} = 84{,}92$ m

Der auf S. 67 beschriebene Rechengang gilt entsprechend auch für den Vordurck Tafel 3.27. Ziff. 5 entfällt, da der Anfangs-Richtungswinkel mit $t_{A,1} = 0{,}000$ gon gegeben ist.

Tafel **3.27** Koordinatenberechnung des geschlossenen Polygonzuges

1	2	3	4	5	6
Punkt	Richtungs-winkel t Brechungs-winkel β	s	$\Delta y = s \cdot \sin t$ y	$\Delta x = s \cdot \cos t$ x	Punkt
	gon	m	m	m	
A			0,00	0,00	A
	0,000	87,30	+2 0,00	−1 +87,30	
1	+3 289,728		+0,02	87,29	1
	89,731	58,45	+1 +57,69	−1 +9,39	
2	+4 299,177		+57,72	+96,67	2
	188,912	127,48	+2 +22,09	−1 −125,55	
3	+3 333,191		+79,83	−28,89	3
	322,106	84,92	+2 −79,85	−1 +28,90	
$E = A$	+4 277,890		0,00	0,00	$E = A$

0,000	Soll 0,00 0,00
Soll 1200,000 $358 = [s]$	Ist −0,07 +0,04
$[\beta] = 1199{,}986$	$w_y = +0{,}07$ $w_x = -0{,}04$
$w_\beta = +14$	$w_s = 0{,}08$ (0,31)
$(F_W = 28)$	

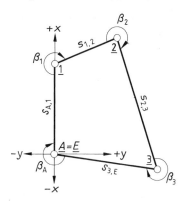

3.28   Geschlossener Polygonzug

3.6.6 Nicht angeschlossener Polygonzug

Sinnvoll wird die erste Polygonseite als x-Achse eines örtlichen Koordinatensystems mit Koordinaten-Nullpunkt im Anfangspunkt der Strecke gewählt. Eine Kontrolle der Winkel- und Streckenmessung ist nicht möglich, es sei denn, daß vom Endpunkt der Anfangspunkt angemessen werden könnte.

Die Richtungswinkel der Polygonseiten und die Koordinatenunterschiede errechnen sich wie bei den vorher beschriebenen Polygonzügen, so daß sich die Koordinaten der einzelnen Punkte ergeben mit

$$y_i = y_{i-1} + \Delta y_{i-1,i} \qquad x_i = x_{i-1} + \Delta x_{i-1,i}.$$

Da keine Rechenkontrolle vorhanden ist, wird die Rechnung über

$$\Delta y + \Delta x = s\sqrt{2} \cdot \sin(t + 50\,\text{gon})$$

geprüft.

Beispiel. Zwei durch einen dichten Wald getrennte Punkte A und E sind durch eine Gerade zu verbinden. Da die Gerade wegen der Sichthindernisse nicht direkt abgesteckt werden kann, wird zwischen A und E ein Polygonzug gelegt (3.29 und Taf. 3.30). Die Koordinaten sind auf $s_{A,1}$ als positive x-Achse zu berechnen. Alsdann werden die Abstände b von der angenommenen x-Achse bis zu der gesuchten Geraden, die parallel zur Endordinate y_E verlaufen, durch die Proportion $y_E : x_E = b_i : x_i$ ermittelt. Mit $a_i = b_i - y_i$ ist der Abstand vom Polygonpunkt bis zur Geraden $A - E$ gefunden. Es ist zu beachten, daß diese Abstände parallel zu y_E laufen, deren Richtungen von den Polygonseiten abzusetzen sind.

Gemessene Werte:

$$\begin{aligned}
\beta_1 &= 192{,}143\,\text{gon} \\
\beta_2 &= 271{,}487\,\text{gon} \\
\beta_3 &= 142{,}875\,\text{gon} \\
s_{A,1} &= 131{,}07\,\text{m} \\
s_{1,2} &= 126{,}13\,\text{m} \\
s_{2,3} &= 98{,}56\,\text{m} \\
s_{3,E} &= 102{,}89\,\text{m}
\end{aligned}$$

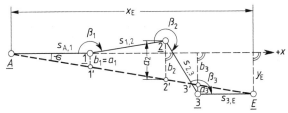

3.29   Nicht angeschlossener Polygonzug
        (Durchrichten einer Geraden)

Tafel **3**.30 Koordinatenberechnung des nicht angeschlossenen Polygonzuges

1	2	3	4	5	6	7
Punkt	Richtungs-winkel t Brechungs-winkel β	s	$\Delta y = s \cdot \sin t$ y	$\Delta x = s \cdot \cos t$ x	Punkt	Probe $\Delta y + \Delta x =$ $s \sqrt{2} \cdot \sin (t+50)$
	gon	m	m	m		m
A			0,00	0,00	A	
	0,000	131,07	0,00	$+131,07$		131,07
1	192,143		0,00	$+131,07$	1	
	392,143	126,13	$-15,53$	$+125,17$		109,64
2	271,487		$-15,53$	$+256,24$	2	
	63,630	98,56	$+82,91$	$+\ 53,29$		136,20
3	142,875		$+67,38$	$+309,53$	3	
	6,505	102,89	$+10,50$	$+102,35$		112,85
E			$+77,88$	$+411,88$	E	

$$b_i = \frac{y_E}{x_E} \cdot x_i \qquad\qquad a_i = b_i - y_i$$

$$b_1 = \frac{77,88}{411,88} \cdot 131,07 = 24,78 \qquad a_1 = 24,78 - 0,00 = 24,78$$

$$b_2 = 0,18908 \cdot 256,24 = 48,45 \qquad a_2 = 48,45 - (-15,53) = 63,98$$

$$b_3 = 0,18908 \cdot 309,53 = 58,53 \qquad a_3 = 58,53 - 67,38 = -8,85$$

Der in Punkt 1 aufgestellte Theodolit wird mit der Ablesung $t_{1,2} = 392,143$ gon auf Punkt 2 gerichtet. Zur Kontrolle ist A anzuzielen (Sollablesung $t_{A,1} + 200$ gon $= 200$ gon). Bei der Einstellung 100 gon, die auf Punkt 1' zeigt, setzt man $a_1 = 24,78$ m ab. Dasselbe geschieht im Punkt 2 (mit $t_{2,3} = 63,630$ gon auf Punkt 3 zielen, Kontrolle nach 1 mit 192,143 gon und bei der Einstellung 100 gon $a_2 = 63,98$ m absetzen) und Punkt 3 (mit $t_{3,E} = 6,505$ gon auf E zielen, Kontrolle nach 2 mit 263,630 gon und bei der Einstellung 300 gon $a_3 = -8,85$ m absetzen). $A-1'-2'-3'-E$ ist die gesuchte Größe. Auf den örtlich abgesetzten Punkten werden zur Kontrolle erneut die Winkel gemessen, die jeweils 200 gon sein müßten.

Anstelle der Rechnung mit Proportionen kann man auch noch einmal den Polygonzug mit $A-E$ als positive x-Achse rechnen. Man bestimmt hierzu $\tan \varphi = \dfrac{y_E}{x_E} = \dfrac{77,88}{411,88} = 0,18908$ und $\varphi = 11,897$ gon.

Mit $t_{A,1} = 400\,\text{gon} - \varphi = 388{,}103\,\text{gon}$ als erstem Richtungswinkel in Sp. 2 wird der Polygonzug erneut durchgerechnet. Das Ergebnis sind die rechtwinkligen Koordinaten der Polygonpunkte auf der Strecke $A - E$.

3.6.7 Aufdecken grober Meßfehler

Beim beidseitig richtungs- und lagemäßig angeschlossenen Polygonzug sowie beim geschlossenen Polygonzug werden die gemessenen Winkel und Strecken durch Bilden des Winkelabschlußfehlers und der Koordinatenabschlußfehler überprüft.

Tritt ein Winkelabschlußfehler in nicht zu vertretender Größe auf, ist ein Fehler in der Winkelmessung wahrscheinlich. Um nicht die gesamte Winkelmessung wiederholen zu müssen, kann der Polygonpunkt mit der fehlerhaften Winkelmessung ermittelt werden, indem der Polygonzug mit den gemessenen Werten vom Anfangs- und vom Endpunkt aus durchgerechnet wird (3.31). Bei der Berechnung vom Endpunkt aus sind die Brechungswinkel $(400\,\text{gon} - \beta)$ einzusetzen. Auf dem Punkt mit den gleichen Koordinaten (bis auf kleine Abweichungen) ist der Meßfehler zu suchen und durch Nachmessung auszuräumen.

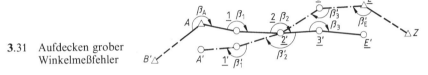

3.31   Aufdecken grober Winkelmeßfehler

Wenn eine große lineare Abweichung, also ein großer Streckenmeßfehler auftritt, ist ein Fehler in der Messung der Polygonseiten zu vermuten (3.32).

Ein grober Streckenmeßfehler ist schwieriger aufzudecken als ein grober Winkelmeßfehler. Wenn die lineare Abweichung $w_s = \sqrt{w_y^2 + w_x^2}$ weit überschritten wird, verschiebt sich der Polygonzug von der fehlerhaften Polygonseite an um den Fehlbetrag.

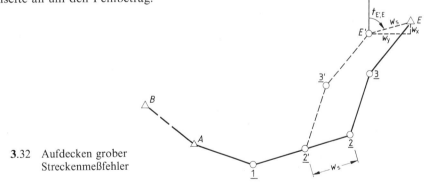

3.32   Aufdecken grober Streckenmeßfehler

Man rechnet $\tan t_{E',E} = \dfrac{w_y}{w_x}$ und prüft, für welche Polygonseite etwa der gleiche Richtungswinkel ermittelt wurde. Diese Polygonseite wird die fehlerhafte sein. Bei gestreckten Polygonzügen weichen die Richtungswinkel der Polygonseiten nur wenig voneinander ab. Hier versagt diese Methode.

4 Trigonometrische Höhenmessung

Zur Bestimmung des Höhenunterschiedes zwischen den Punkten A und B (4.1) werden die schräge Distanz D oder die horizontale Entfernung s und der Zenitwinkel z gemessen. Es ist

$$h = D \cdot \cos z = s \cdot \cot z$$

$$H_B = H_A + h + i - t$$

hierin ist

H_A die gegebene Höhe über NN in A,

H_B die gesuchte Höhe über NN in B,

h der Höhenunterschied zwischen Kippachse und Zielpunkt,

i die Instrumentenhöhe (Kippachse) über Punkt A,

t die Zielhöhe über Punkt B.

Die Höhenmessung nach vorstehender Formel gilt für Entfernungen $\leq 250\,\mathrm{m}$, da bis zu dieser Entfernung der Einfluß von Refraktion und Erdkrümmung vernachlässigt werden kann. Bei größeren Entfernungen sind Erdkrümmung und Refraktion zu berücksichtigen (s. Abschn. 4.3).

Beim Einsatz eines elektronischen Tachymeters werden die Ergebnisse direkt im Display angezeigt, wie in Abschn. 1.3 beschrieben ist.

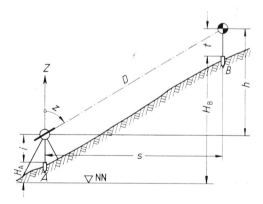

4.1 Trigonometrische Höhenbestimmung

4.1 Trigonometrisches Nivellement

Beim geometrischen Nivellement (Teil 1) ermittelt man aus der Differenz zwischen Rück- und Vorblick den Höhenunterschied zweier Punkte. Es werden bei gleichen und kurzen Zielweiten ($\leq 50\,\mathrm{m}$) und bei waagerechter Ziellinie an der Nivellierlatte die Lattenabschnitte abgelesen.

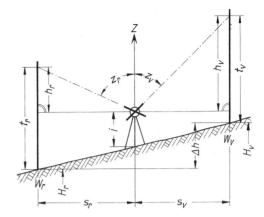

4.2   Trigonometrisches Nivellement

Das trigonometrische Nivellement wird nach demselben Prinzip ausgeführt. Hier bildet man ebenfalls aus Vor- und Rückblick den Höhenunterschied, wobei die horizontale Entfernung s vom Theodolitstandpunkt bis zum jeweiligen Wechselpunkt, die nicht länger als 250 m gewählt wird, und der Zenitwinkel z gemessen werden. Die Genauigkeit des trigonometrischen Nivellements ist beim Einsatz eines elektronischen Tachymeters beachtlich. Die Standardabweichung für 1 km beträgt dann etwa 2 bis 4 mm.

Nach Bild **4.**2 ist der Höhenunterschied der aufeinanderfolgenden Wechselpunkte W_r (rückwärts) und W_v (vorwärts)

$$\Delta h = (t_r - h_r) - (t_v - h_v) = h_v - h_r + t_r - t_v$$

Die Zielhöhen t_r und t_v werden zweckmäßig gleich groß gewählt. Man kann dies einfach erreichen, wenn in den Zielpunkten eine scharf lotrecht stehende Nivellierlatte oder der Reflektor immer in der gleichen Höhe (z. B. bei 1,50 m) angezielt wird. Dann ist

$$\Delta h = h_v - h_r = s_v \cdot \cot z_v - s_r \cdot \cot z_r$$

4.2 Turmhöhenbestimmung

Für die Bestimmung der Höhe ü. NN einer Turmspitze, Schornsteinspitze usw. wird die Entfernung s (4.1) nicht direkt meßbar sein. Man legt deshalb eine Hilfsbasis und mißt die Zenitwinkel in den beiden Basisendpunkten. Die Hilfsbasis kann entweder genau auf den Turm zuführen oder quer zu diesem liegen.

4.2.1 Hilfsbasis in Richtung des Turmes (vertikales Hilfsdreieck)

Die zwei Punkte der Hilfsbasis liegen mit der anzuzielenden Turmspitze in einer Vertikalebene (4.3). Die Genauigkeit der Turmhöhenbestimmung hängt von der Genauigkeit der Basis b und der Genauigkeit und Größe der Zenitwinkel z_A und z_B ab. Die Größe der Zenitwinkel ist wiederum abhängig von der Entfernung der Punkte A und B vom Turm. Man wählt die Entfernung c vom Turm bis A ungefähr gleich einfacher Turmhöhe

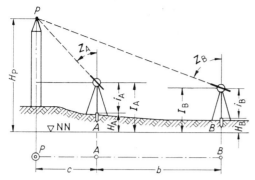

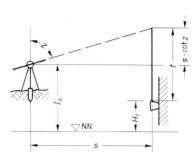

4.3 Turmhöhenmessung in einer Vertikalebene
(Standpunkte auf der gleichen Turmseite)

4.4 Trigonometrischer Höhen-
anschluß

und $(c + b)$ vom Turm bis B ungefähr gleich dreifacher Turmhöhe. Die Basis b wird möglichst genau gemessen (geprüftes Bandmaß, Basislatte, elektro-optische Distanzmesser). Die Beobachtung der Zenitwinkel in A und B erfolgt in drei Sätzen.

Zur Bestimmung der Höhe des Instrumentenhorizontes (Höhe der Kippachse des Fernrohrs über NN) in A und B werden die Höhen der Bodenpunkte H_A und H_B nivellitisch ermittelt und die Instrumentenhöhe i_A bzw. i_B dazu addiert:

Instrumentenhorizont

$$I_A = H_A + i_A \quad \text{und} \quad I_B = H_B + i_B$$

Der Instrumentenhorizont kann auch trigonometrisch von einem in der Nähe befindlichen Höhenbolzen aus gefunden werden (**4.4**).

$$I_A = H_F + t - s \cdot \cot z$$

Die Höhe des Turmes wird nun zweimal berechnet:

$$H_P = I_A + c \cdot \cot z_A \qquad H_P = I_B + (b + c) \cot z_B$$

$$I_A + c \cdot \cot z_A = I_B + (b + c) \cot z_B$$

$$c = \frac{I_B - I_A + b \cdot \cot z_B}{\cot z_A - \cot z_B}$$

Den Wert c in eine der Gleichungen für H_P eingesetzt, ergibt

$$H_P = \frac{I_B \cdot \cot z_A - I_A \cdot \cot z_B + b \cdot \cot z_A \cdot \cot z_B}{\cot z_A - \cot z_B}$$

und wenn Zähler und Nenner durch $\cot z_A \cdot \cot z_B$ dividiert werden

$$H_P = \frac{I_B \cdot \tan z_B - I_A \cdot \tan z_A + b}{\tan z_B - \tan z_A}$$

Die Turmhöhe über Erdboden erhält man, indem die Fußboden- oder Geländehöhe des Turmes ü. NN durch Nivellement oder trigonometrisch bestimmt und von H_P subtrahiert wird.

Die Basisenden A und B können auch auf beiden Seiten des Turmes liegen. Für die nur selten direkt meßbare Basis sind dann weitere Hilfsmessungen erforderlich.

4.2.2 Hilfsbasis quer zum Turm (horizontales Hilfsdreieck)

Man wählt eine möglichst horizontale, gut meßbare Basis so aus, daß b gleich der drei- bis fünffachen Turmhöhe, s_1 und s_2 gleich der zwei- bis dreifachen Turmhöhe sind (4.5). Die Basis ist scharf zu messen, die Zenitwinkel in A und B sind in 3 Sätzen, die Horizontalwinkel δ und ε in 3 Halbsätzen zu beobachten. Die Instrumentenhorizonte (Kippachshöhen) sind

$$I_A = H_A + i_A$$

und $$I_B = H_B + i_B$$

Aus dem durch die Kippachsenhöhe I_A gedachten horizontalen Dreieck findet man nach dem Sinussatz

$$s_1 = b \, \frac{\sin \varepsilon}{\sin (\delta + \varepsilon)}$$

$$s_2 = b \, \frac{\sin \delta}{\sin (\delta + \varepsilon)}$$

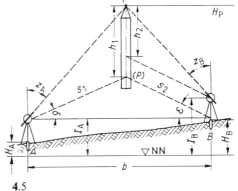

und aus den beiden vertikalen Dreiecken die Höhenunterschiede

4.5
Turmhöhenmessung mit Basis quer zum Turm

$$h_1 = s_1 \cdot \cot z_A$$

$$h_2 = s_2 \cdot \cot z_B$$

Die Höhe der Turmspitze ü. NN ist dann

$$H_P = I_A + s_1 \cdot \cot z_A$$

und $$H_P = I_B + s_2 \cdot \cot z_B$$

Zur Kontrolle ist die Messung mit einer leicht verschwenkten Basis b zu wiederholen.

4.3 Trigonometrische Höhenbestimmung auf weite Entfernung

Bei Entfernungen $> 250\,\text{m}$ sind die Erdkrümmung und die Refraktion, das ist die Ablenkung des Lichtstrahles, die durch die Luftschichten verschiedener Dichte hervorgerufen wird, zu berücksichtigen (4.6). Die Erde wird als Kugel mit dem Radius R, der durch die Luftschichten abgelenkte Lichtstrahl als Kreisbogen mit dem Halbmesser

4.6 Trigonometrische Höhenmessung
auf weite Entfernung

$r \approx 8\,R$ (Erfahrungswert) aufgefaßt. Damit ist

$$\frac{R}{r} = \frac{1}{8} = 0{,}13 = k$$

k heißt Refraktionskoeffizient. Infolge seiner Abhängigkeit von dem Verhältnis zwischen der Temperatur des Bodens und der bodennahen Luft, der Feuchtigkeit und dem Druck der Luft ist sein Wert 0,13 sehr unsicher. Für die weitere Entwicklung kann man die Abstände Δh_2 und Δh_3 näherungsweise als Ordinaten eines Kreisbogens von der Tangente aus auffassen (Bild **4.6** ist stark verzerrt). Nach Abschn. 6.2.3 ist

$$\Delta h_2 \approx \frac{s^2}{2R} \quad \text{und} \quad \Delta h_3 \approx \frac{s^2}{2r} \approx \frac{s^2}{2 \cdot 8R} \approx k\,\frac{s^2}{2R}$$

Die Höhe über NN des Punktes B wird unter Berücksichtigung der Instrumentenhöhe i und der Zielhöhe t

$$H_{\mathrm{B}} = H_{\mathrm{A}} + \Delta h_1 + \Delta h_2 - \Delta h_3 + i - t$$

$$H_{\mathrm{B}} = H_{\mathrm{A}} + s \cdot \cot z + \frac{s^2}{2R} - k\,\frac{s^2}{2R} + i - t$$

$$H_{\mathrm{B}} = H_{\mathrm{A}} + s \cdot \cot z + \frac{1-k}{2R}\,s^2 + i - t$$

Aus dieser Gleichung ist der Höhenunterschied der Punkte A und B abzuleiten

$$H_{\mathrm{B}} - H_{\mathrm{A}} = \Delta h = s \cdot \cot z + \frac{1-k}{2R}\,s^2 + i - t$$

Mit $k = 0{,}13$ *und* $R = 6380\,\mathrm{km}$ *wird*

$$H_{\mathrm{B}} = H_{\mathrm{A}} + s \cdot \cot z + 0{,}068\,s^2 + i - t \qquad (\textit{s in km einsetzen})$$

Die Höhenkorrektion $\dfrac{1-k}{2R}\,s^2$ nimmt folgende Größen an:

s in km	0,5	1	2	4	5	10
$\dfrac{1-k}{2R}\,s^2$ in m	0,02	0,07	0,27	1,09	1,70	6,82

Die Standardabweichung ist bei Zielweiten von $2\,\text{km} \pm 5\,\text{cm}$, bei $4\,\text{km} \pm 10\,\text{cm}$. Wegen der Unsicherheit von k beschränkt man die trigonometrische Höhenmessung auf Entfernungen von 2 bis 3 km. Bei größeren Entfernungen macht man sich von k frei, indem man gleichzeitig auf beiden Punkten mit zwei Instrumenten die Zenitwinkel mißt. Auf den beiden Punkten sollen vergleichbare Gelände- und atmosphärische Verhältnisse herrschen. Den Höhenunterschied erhält man auf

Punkt A mit

$$\Delta h = s \cdot \cot z_A + \frac{1-k}{2R}\,s^2 + i_A - t_B$$

Punkt B mit

$$\Delta h = -s \cdot \cot z_B - \frac{1-k}{2R}\,s^2 - i_B + t_A$$

Die Addition beider Gleichungen ergibt den doppelten Höhenunterschied

$$2\,\Delta h = s\,(\cot z_A - \cot z_B) + (i_A - i_B) + (t_A - t_B)$$

4.4 Praktische Hinweise zur trigonometrischen Höhenmessung

1. Bei der Turmhöhenbestimmung günstige Hilfsbasis wählen. Lage der Basisendpunkte zum Turm nach Abschn. 4.2.1 bzw. 4.2.2 anordnen und ihre Höhen durch Nivellement oder trigonometrisch bestimmen.

2. Basis durch mechanische, optische oder elektro-optische Messung im Hin- und Rückgang mit Zentimetergenauigkeit messen.

3. Theodolit über den Basisendpunkten gut zentrieren und scharf horizontieren.

4. Instrumentenhöhe i messen (Bodenpunkt bis Kippachse).

5. Zenitwinkel in drei Sätzen messen. Zielpunkt wählen, der von beiden Basisendpunkten eindeutig angeschnitten werden kann. Vor jeder Ablesung Höhenindexlibelle scharf einspielen lassen; nur bei Theodoliten mit automatischem Höhenindex entfällt dies.

6. Zur Kontrolle Messung auf denselben Basisendpunkten mit neuer Instrumentenaufstellung (i messen) wiederholen.

7. Bei Basis quer zum Turm Horizontalwinkel in drei Halbsätzen messen. Um eine Kontrolle zu haben, wird die Basis verschwenkt oder eine zweite Basis gelegt und hierüber die Messung wiederholt.

8. Bei Entfernungen $> 250\,\text{m}$ Höhenkorrektion $\dfrac{1-k}{2R}\,s^2$ berücksichtigen. Zielungen über Wasser und in Erdnähe vermeiden.

9. Bei Entfernungen $> 3\,\text{km}$ gleichzeitig auf beiden Punkten beobachten, um die Messung von k unabhängig zu machen.

5 Tachymetrie

Die Tachymetrie befaßt sich mit der Aufnahme von Geländepunkten nach der Polarmethode und der gleichzeitigen Bestimmung ihrer Höhen, um Lagepläne im Maßstab 1:500 bis 1:2500 mit Höhendarstellung zu fertigen oder zu vervollständigen [1]). Diese Pläne bilden die Planungsunterlagen für Straßen, Eisenbahnen, Kanalbauten, Brücken, Staumauern, Wasserkraftwerke, Siedlungszwecke, Bodenverbesserungsmaßnahmen usw. Die Tachymetrie dient auch der Fortführung der topographischen Kartenwerke 1:5000, 1:25000, 1:50000.

5.1 Geländedarstellung

In Teil 1 werden Aufnahmeverfahren zur Fertigung von Lageplänen erläutert, die nur den Grundriß (Straßen, Häuser, Grenzen) darstellen. Die Tachymeteraufnahme soll außer dem Grundriß die topographischen Einzelheiten des Geländes erfassen und zwar in der Lage und in der Höhe. Die Genauigkeitsansprüche an die auf diese Weise hergestellten Pläne sind weitaus geringer als die der erstgenannten.

Die Höhendarstellung soll ein plastisches Bild des Geländes vermitteln und meßbare Werte liefern. Beiden Forderungen wird die Höhenlinie oder Isohypse gerecht. Sie verbindet benachbarte Punkte gleicher Höhe miteinander.

Die exakte Höhenlinie liefert die photogrammetrische Aufnahme. Hierbei wird das Gelände vom Flugzeug aus mit sich überdeckenden Bildern aufgenommen und später in Entzerrungsgeräten ausgewertet. Dies ist jedoch nur für die Aufnahme großer Flächen wirtschaftlich.

Mit der Tachymeteraufnahme gewinnt man ausgeglichene Höhenlinien, die sich als mehr oder weniger geschwungene Kurven darstellen. Der Höhenunterschied zweier Höhenlinien ist die Höhenstufe (Äquidistanz, Schichthöhe). Die Höhenlinien richten sich nach dem Maßstab des Planes und der Neigung des darzustellenden Geländes. Man wählt bei mäßigem Geländegefälle

für den Maßstab	einen Höhenlinienabstand von
1:1000	1 m
1:2000, 1:2500	2 ... 1 m
1:5000	5 ... 1 m

Bei flachem Gelände und bei der Darstellung besonderer Oberflächenformen verkleinert man den Abstand der Höhenlinien, bei steilem Gelände vergrößert man ihn. Die 5 m- und 10 m-Höhenlinien werden durch stärkere Strichdicken hervorgehoben, künstliche Böschungen an Straßen, Rampen, Wasserläufen usw. stellt man durch Böschungssignaturen dar.

---

[1]) Die Geländeaufnahme mittels Flächenrost (Flächennivellement) ist in Teil 1 behandelt.

5.2 Geländeaufnahme

Der Zweck, dem der Plan zu dienen hat, sowie die Gelände- und Oberflächengestaltung bestimmen die Art der Geländeaufnahme. Bei der klassischen Tachymeter-Aufnahme wird man bei offenem und fast ebenem Gelände mit dem Nivellier-Tachymeter (s. Abschn. 5.4.4), bei offenem und kupiertem Gelände mit dem Tachymeter-Theodolit (s. Abschn. 5.4.1) oder dem Reduktions-Tachymeter, bei bedecktem (Wald) und kupiertem Gelände mit dem Bussolentachymeter (s. Abschn. 5.5) arbeiten. Bei diesen Aufnahmearten werden die Meßergebnisse zahlenmäßig erfaßt, man spricht deshalb von der Zahlentachymetrie. Mit Meßtisch und Kippregel (s. Abschn. 5.7.3) lassen sich die gewonnenen Meßergebnisse sofort angesichts der Örtlichkeit maßstäblich zu Papier bringen; dies nennt man Meßtischtachymetrie.

Das Gerippe einer Tachymeteraufnahme bilden die Haupttachymeterzüge, die wie Polygonzüge möglichst an Trigonometrische Punkte oder bekannte Polygonpunkte anzuschließen sind. Sie umschließen und durchziehen das aufzunehmende Gebiet. Bei großen Aufnahmegebieten werden sie zu einem Netz zusammengefaßt. Die Brechpunkte der Tachymeterzüge sind so zu wählen, daß sie als Tachymeterstandpunkte dienen können und von diesen möglichst viel aufzunehmen ist. Die Höhenübertragung erfolgt von vorhandenen oder eventuell neu bestimmten Höhenfestpunkten aus. Das Netz der Haupttachymeterzüge wird durch Nebenzüge oder Bussolenzüge verdichtet, die gleichzeitig mit der Geländeaufnahme beobachtet werden.

Wenn die Aufnahme mit einem elektronischen Tachymeter erfolgt (s. Abschn. 5.4.3), können die Entfernungen der Tachymeterstandpunkte 300 bis 500 m betragen. Auch können Tachymeterstandpunkte in freier Stationierung bestimmt werden, wenn die entsprechenden Sichten zu koordinierten Festpunkten gegeben sind.

5.3 Haupttachymeterzüge

Der Haupttachymeterzug ist wie ein Polygonzug zu behandeln; er ist möglichst beidseitig richtungs- und lagemäßig und außerdem noch höhenmäßig anzuschließen. Die Strecken-, Winkel- und Höhenmessung erfolgt in einem Arbeitsgang. Die Brechungswinkel werden in zwei Halbsätzen, die Entfernungen und Höhenunterschiede doppelt gemessen. Die Seitenlängen sollten beim Einsatz eines Tachymetertheodolits oder eines Reduktionstachymeters wegen der späteren Geländeaufnahme 150 ... 200 m nicht übersteigen. Die Strecken mißt man von beiden Endpunkten aus, lange Seiten (120 ... 200 m) werden unterteilt.

Die Höhenübertragung erfolgt ebenfalls doppelt von beiden Endpunkten aus.

Für die Höhenübertragung von Punkt A zu Punkt B (**5.1**) ist

im Hingang

$$\Delta H = H_B - H_A = h + (i - t)$$

$$H_B = H_A + h + (i - t)$$

im Rückgang

$$\Delta H = H_A - H_B = -[h + (i - t)]$$

Wenn $i = t$ gewählt wird, ist

$$\Delta H = H_B - H_A = h$$

$$\Delta H = H_A - H_B = -h$$

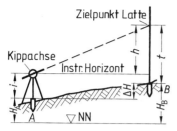

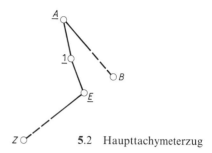

5.1 Höhenübertragung von A nach B

5.2 Haupttachymeterzug

Beispiel. Ein Haupttachymeterzug (**5.2**) ist von A nach E mit einem Tachymeter-Theodolit (Strichdistanzmesser) gemessen. In dem Vordruck Taf. **5.**3 sind die örtlich ermittelten Werte und die Berechnungen der Horizontalwinkel (Brechungswinkel), der horizontalen Entfernungen s, der Höhenunterschiede ΔH sowie der Höhe ü. NN der einzelnen Punkte verzeichnet. Nach Abschn. 1.1.1.1 lautet die Näherungsgleichung für die waagerechte Entfernung

$$s = 100 \cdot l \cdot \sin^2 z$$

und für den Höhenunterschied

$$h = 50 \cdot l \cdot \sin 2z$$

und $\qquad \Delta H = h + (i - t)$

Nach diesen Gleichungen sind die Werte der Sp. 8 ... 10 des Vordrucks berechnet.

Aus Platzgründen ist nur ein Punkt des Tachymeterzuges aufgeführt. Die Messung und Rechnung geht folgendermaßen vor sich:

1. Theodolit in Punkt A zentrieren und horizontieren. Instrumentenhöhe i messen (Sp. 1).

2. Richtungsanschluß nach B (Brechungswinkel $B - A - 1$) messen (Sp. 6).

3. Latte in Punkt 1 lotrecht aufhalten. Mittelstrich auf runden Wert (1,40 m) einstellen, t vermerken (Sp. 2). Höhenindexlibelle einspielen lassen, Zenitwinkel ablesen (Sp. 7). Der Mittelstrich kann auch auf die Instrumentenhöhe (1,55 m) eingestellt werden; dann ist $i - t = 0$.

4. Distanzstrich auf den nächsten runden Wert l_u bringen und am anderen Distanzstrich den größeren Wert l_o ablesen (Sp. 4). Man schützt sich gegen Ablesefehler und steigert die Genauigkeit, wenn nochmal der obere Strich l_o auf einen runden Wert eingestellt und l_u abgelesen wird (im Vordruck nicht angegeben).

5. Latte in Punkt A aufhalten, Theodolit in Punkt 1 zentrieren und horizontieren. Instrumentenhöhe in Sp. 1 eintragen. Mittelstrich auf runden Wert einstellen und t in Sp. 2 vermerken. Höhenindexlibelle einspielen lassen, Zenitwinkel ablesen (Sp. 7). Distanzstrich auf den nächsten runden Wert l_u bringen und l_o ablesen (Sp. 4). Brechungswinkel $A - 1 - E$ in zwei Halbsätzen messen (Sp. 6).

6. Latte weiter nach E. In Sp. 2 Zielhöhe t vermerken und nach Einspielen der Indexlibelle Zenitwinkel (Sp. 7) messen. Distanzstriche für die Entfernung ablesen (Sp. 4).

7. Latte auf Punkt 1. Theodolit nach Punkt E. i und t vermerken. Höhenindexlibelle einspielen lassen und Zenitwinkel (Sp. 7) ablesen. Lattenabschnitt (Sp. 4) eintragen. Brechungswinkel $1 - E - Z$ für den Richtungsabschluß messen.

8. Die Brechungswinkel (Sp. 6) sind aus dem Mittel der beiden Halbsätze zu bilden. Nach den angegebenen Formeln werden in Sp. 8 die horizontale Entfernung, in Sp. 9 und 10 der Höhenunterschied h bzw. ΔH und in Sp. 11 die Höhe des Punktes ü. NN berechnet und eingetragen. Die Summe

Tafel **5.3** Vordruck und Beispiel für die Messung eines Haupttachymeterzuges mit einem Ingenieur-theodolit (Strichdistanzmesser)

Instrument: .... Add. Konst. $c = 0$ $s = 100 \cdot l \cdot \sin^2 z$ Gemessen
Latte: .... Mult. Konst. $k = 100$ $h = 50 \cdot l \cdot \sin 2z$ durch: NN
Datum: .... Indexkorr. $k_z = 0$ Tachymeterzug Nr. ....

1	2	3	4	5	6	7	8	9	10	11
(i) Stand-punkt	(t) Ziel-punkt	$i-t$	Latte l_o l_u	$100\,l$	Hor. kreis Lage I Lage II gon	Zenit-winkel z gon	$s =$ $100 \cdot l \cdot$ $\sin^2 z$	$h =$ $50 \cdot l \cdot$ $\sin 2z$	$\Delta H =$ $h +$ $(i-t)$	Höhe ü. NN
(1,55) A	B				I 233,771 II 36.243					222,61
	(1,40) 1	0,15	1,888 0,800	108,8	I 270,410 II 72,886	96,915	108,54	+5,26	+5,41	
					36,639 36,643					
					36,641	108,69		+5,38 − 4	
(1,46) 1	(1,40) A	0,06	1,991 0,900	109,1	I 287,630 II 89,176	103,162	108,83	−5,41	−5,35	227,95
	(1,40) E	0,06	1,866 0,900	96,6	I 72,754 II 274,294	98,197	96,52	+2,73	+2,79	
					185,124 185,118					
					185,121	96,42		+2,71 − 4	
(1,50) E	(1,40) 1	0,10	1,864 0,900	96,4	I 360,406 II 164,872	101,802	96,32	−2,73	−2,63	230,62
	Z				I 270,617 II 75,087				Σ +8,09	+8,01
					310,211 310,215				$w_h = -0,08$	$H_E - H_A$
					310,213					

ΔH (Sp. 10) muß gleich $H_E - H_A$ (Sp. 11) sein. Eine sich ergebende Differenz, die $0{,}25 \sqrt{s_{(km)}}$ nicht übersteigen sollte, wird gleichmäßig auf die einzelnen Höhenunterschiede verteilt.

Damit sind die Brechungswinkel und die Strecken des Tachymeterzuges sowie die Höhenunterschiede zwischen den einzelnen Punkten gefunden; sie sind im Vordruck besonders hervorgehoben. Die Berechnung der Koordinaten der Punkte erfolgt nach Abschn. 3.6.1. Dabei sollte $w_\beta \leqq 2 \,\mathrm{cgon} \sqrt{n} + 2 \,\mathrm{cgon}$ und $w_s \leqq 1{,}0 \,\mathrm{m} \sqrt{s_{(km)}}$ sein.

Mit einem Reduktions-Tachymeter vereinfachen sich die Messung und auch der Vordruck wesentlich, da sofort die waagerechte Entfernung und der Höhenunterschied h bestimmt werden (Taf. 5.4). Da die Messung im Prinzip der mit dem Tachymeter-Theodolit gleicht, wurde das Beispiel auf einen Punkt beschränkt.

Tafel 5.4 Vordruck und Beispiel für die Messung eines Haupttachymeterzuges mit einem Reduktions-Tachymeter (elektronischen Tachymeter)

Instrument: ....   Tachymeterzug Nr. ....   Datum: ....
Latte: ....   Wetter: ....
                                                                                  Gemessen durch: NN

1	2	3	4	5	6	7	8	9
(i) Stand-punkt	(t) Ziel-punkt	$i-t$	Horizont.-Kreis Lage I gon	Ent-fernung s	h	ΔH $=h+$ $(i-t)$	Höhe ü. NN	Bemer-kungen
(1,50) A	B		19,320				116,72	
	(1,50) 1	0	193,372	114,1	−12,50	−12,50		
			$\boxed{174,052}$	$\boxed{114,15}$		$\boxed{−12,53}$ $+\quad 3$		
(1,55) 1	(1,00) A	0,55	82,341	114,2	+12,00	+12,55	104,22	

Messungsanordnung und Rechengang:

1. Reduktionstachymeter in Punkt A zentrieren und horizontieren, Instrumentenhöhe i (Sp. 1) und Horizontalwinkel (Sp. 4) messen.

2. Latte in Punkt 1 aufhalten. Einstellmarke auf Instrumentenhöhe bringen; geschieht dies nicht, Zielhöhe t in Sp. 2 eintragen. Entfernung (Sp. 5) und Höhenunterschied h (Sp. 6) an den Diagrammkurven ablesen.

3. Instrument weiter auf Punkt 1 und Messung entsprechend Ziffer 1 und 2. Wenn $i = t$ ist, kann der abgelesene Höhenunterschied sofort in Sp. 7 eingetragen werden.

4. Die Summe ΔH soll gleich $H_E - H_A$ sein ($w_h \leqq 0,25 \, \sqrt{s_{(km)}}$). Die sich ergebende Differenz ist gleichmäßig auf die einzelnen Höhenunterschiede zu verteilen.

5.4 Auswahl und Aufnahme der Geländepunkte

Bei der Einzelaufnahme soll die Geländegestalt mit möglichst wenigen Punkten morphologisch richtig erfaßt werden. Die Auswahl der Punkte erfordert Übung, Geschick und Erfahrung; sie ist die Sache des Ingenieurs, der auch das Kroki-Feldbuch [1] führt (5.5). Es ist ungefähr maßstäblich und enthält neben den Aufnahmepunkten und deren Nummern

---

[1] Kroki = im Gelände gefertigte Kartenskizze.

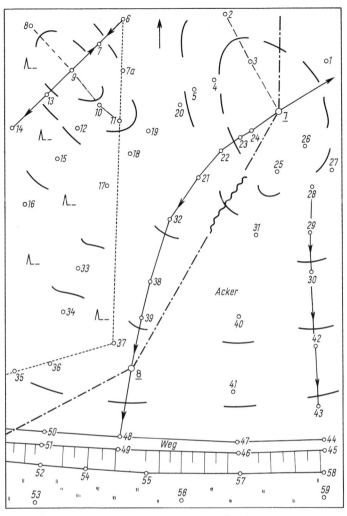

5.5 Kroki-Feldbuch zu einer Tachymeter-Aufnahme

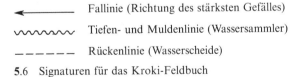 Fallinie (Richtung des stärksten Gefälles)

Tiefen- und Muldenlinie (Wassersammler)

Rückenlinie (Wasserscheide)

5.6 Signaturen für das Kroki-Feldbuch

alle wichtigen Einzelheiten sowie die Rücken-, Tiefen- und Fallinien (**5.6**) und den angedeuteten Verlauf der Höhenlinien. Ein Dreieck mit Millimeterteilung und Goneinteilung erleichtert die Feldbuchführung.

Das Gelände gliedert sich in Rücken, Kuppen, Täler, Mulden, Kessel, Sättel usw., die meßtechnisch durch Einzelpunkte zu erfassen sind. Die höchsten Punkte sind die Kuppen, die tiefsten die Mulden; die hervorstechenden Linien sind die Rücken- und die Muldenlinien, die als Geripplinien bezeichnet werden. Zwischen zwei Aufnahmepunkten soll eine geradlinige Steigung herrschen, so daß die Höhenlinien zwischen diesen Punkten linear interpoliert werden können. Bei gleichmäßig steigendem Gelände empfiehlt sich die Aufnahme der Punkte in Geländeschnitten, die in angemessenen Abständen voneinander und möglichst in die Fallinie (in das stärkste Gefälle) zu legen sind. Die Punktdichte, die vom Gelände und vom Planmaßstab abhängt, bewegt sich zwischen 300 und 700 Punkten je km^2 für den Maßstab 1:5000 [1]) (Punktabstand 60 ... 40 m) und zwischen 2000 ... 3000 Punkten je km^2 für den Maßstab 1:1000 (Punktabstand 22 ... 18 m).

5.4.1 Geländeaufnahme mit dem Tachymeter-Theodolit

Mit dem Tachymeter kann man einen Punkt lagemäßig nach Polarkoordinaten und höhenmäßig durch den Zenitwinkel und die Strecke festlegen. Im Gegensatz zum Nivellier-Tachymeter (s. Abschn. 5.4.4) ist man hier von der Geländeneigung unabhängig. Voraussetzung ist nur, daß der Punkt zugänglich und vom Aufnahmestandpunkt aus sichtbar ist. Die Richtungsmessung erfolgt in einer Fernrohrlage, deshalb sind vor der Messung eventuelle Ziellinien- und Höhenindexfehler zu beseitigen.

Die Entfernung wird bei dem Tachymeter-Theodolit über die Distanzstriche ermittelt und in die Horizontale reduziert; den Höhenunterschied zwischen Stand- und Zielpunkt rechnet man unter Berücksichtigung der Fernrohrneigung (Zenitwinkel).

Messungsanordnung (5.7)

1. Theodolit im Standpunkt 8 zentrieren und horizontieren, Instrumentenhöhe i messen (Sp. 1).
2. Bekannten Punkt 7 (nächster Punkt des Tachymeterzuges) anzielen und Horizontalkreis in Lage I ablesen (Sp. 6).
3. Latte auf den aufzunehmenden Punkt einweisen. Mittelstrich auf runden Wert einstellen (evtl. auf i), Höhenindexlibelle einspielen lassen. Zenitwinkel ablesen (Sp. 7). Distanzstrich auf den nächsten runden Wert l_u bringen und l_o ablesen (Sp. 4). Evtl. zur Kontrolle l_o auf runden Wert bringen und l_u bestimmen (im Vordruck nicht angegeben). Horizontalkreis in Lage I auf Zentigon ablesen (Sp. 6).
4. Latte auf den nächsten Punkt einweisen und wie unter 3. beschrieben fortfahren.
5. Mit diesen Werten errechnen sich nach den angegebenen Formeln s, h und ΔH in den Sp. 8 bis 10.

Die Geländepunkte werden somit nach Polarkoordinaten festgelegt. Die rechtwinkligen Koordinaten und die Höhen über NN des Standpunktes und der Anschlußpunkte sind bereits durch Messen und Berechnen der Haupttachymeterzüge bestimmt. Die spätere Bearbeitung vereinfacht sich, wenn als Ausgangsrichtung 8—7 der bei der Koordinatenberechnung ermittelte Richtungswinkel eingestellt wird; man mißt dann für alle Punkte die geodätischen Richtungswinkel. Als Abschluß der Messung zielt man einen weiteren Punkt des Tachymeterzuges (Punkt 9) oder den Anfangspunkt nochmal an, um zu kontrollieren, daß sich während der Messung der Theodolit nicht verändert hat.

Bei Tachymeter-Nebenzügen erfolgt die Messung des Zuges und die Geländeaufnahme in einem Arbeitsgang.

---

[1]) Handbuch für die topographische Aufnahme der Deutschen Grundkarte.

Tafel **5**.7 Vordruck und Beispiel für die Geländeaufnahme mit einem Tachymeter-Theodolit (Strich-distanzmesser)

Instrument:	Add. Konst. $c = 0$	$s = 100 \cdot l \cdot \sin^2 z$	Datum: ......
Latte:	Mult. Konst. $k = 100$	$h = 50 \cdot l \cdot \sin 2z$	Wetter: ......
	Indexkorr. $k_z = 0$		Gemessen durch: NN

1	2	3	4	5	6	7	8	9	10	11
(*i*) Stand-punkt	(*t*) Ziel-punkt	$i-t$	Latte l_0 l_u	$100\,l$	Horizont.-Kreis Lage I gon	Zenit-winkel z gon	$s =$ $100 \cdot l \cdot$ $\sin^2 z$	$h =$ $50 \cdot l \cdot$ $\sin 2z$	$\Delta H =$ $h +$ $(i-t)$	Höhe ü. NN
(1,58) 8	7				74,39					243,18
	(1,40) 35	+0,18	1,672 1,100	57,2	93,17	108,57	56,2	−7,61	−7,43	235,7
	(2,00) 36	−0,42	2,210 1,800	41,0	125,56	97,13	40,9	+1,85	+1,43	244,6
	(1,00) 37	+0,58	1,143 0,900	24,3	143,06	95.86	24,2	+1,58	+2,16	245,3
. . 9					258,16					

5.4.2 Geländeaufnahme mit dem Reduktions-Tachymeter

Die Ablesungen beim Reduktions-Tachymeter ergeben automatisch die waagerechte Entfernung und den Höhenunterschied. Das vereinfacht die Messung und die Auswertung.

Zu messen sind (Tafel **5**.8): Instrumentenhöhe i (Sp. 1); Zielpunkthöhe t, wobei möglichst $i = t$ gewählt wird (Sp. 2); Horizontalwinkel in einer Fernrohrlage (Sp. 4); Entfernung s (Sp. 5) und Höhenunterschied h (Sp. 6), die beide direkt abgelesen werden.

5.4.3 Geländeaufnahme mit dem elektronischen Tachymeter

Mit dem elektronischen Tachymeter ist die topographische Aufnahme des Geländes einfach und zeitsparend auszuführen. Die Geländeaufnahme ist dabei weitgehend zu automatisieren, indem die örtlich gemessenen Daten registriert und gespeichert werden, um sie dann im Büro zur automatischen Herstellung der Karten und Pläne zu verwenden. Durch die abgespeicherten Koordinaten und Höhen der einzelnen Punkte wird die Geländegestalt in digitaler Form erfaßt.

Wenn die örtlich gemessenen Daten durch ein Feldbuch festgehalten werden sollen, geschieht dies wie in Tafel **5**.8 angegeben. Über das Messen mit elektronischen Tachymetern wird in Abschn. 1.3 berichtet.

Tafel **5.8** Vordruck und Beispiel für die Geländeaufnahme mit einem Reduktions-Tachymeter (elektronischen Tachymeter)

Instrument: ....   Datum: ....
Latte: ....   Wetter: ....
                                   Gemessen durch: NN

1	2	3	4	5	6	7	8	9
(i) Stand-punkt	(t) Ziel-punkt	$i-t$	Horizont.-Kreis Lage I gon	Ent-fernung s	h	ΔH $=h+$ $(i-t)$	Höhe ü. NN	Bemer-kungen
(1,52) 18	17		24,12				413,40	
	(1,52) 1	0	34,78	76,1		+3,14	416,5	Zaun
	(1,52) 2	0	39,12	48,4		−0,20	413,2	Mitte Weg
	(1,00) 3	+0,52	68,54	62,1	+3,05	+3,57	417,0	
	: 19		230,07					

5.4.4 Geländeaufnahme mit dem Nivellier-Tachymeter

Jedes Nivellierinstrument, gleich welcher Bauart, das einen Teilkreis, Distanzstriche und eine Ablotevorrichtung besitzt, ist als Nivellier-Tachymeter zu verwenden. Die Nivelliere sind im Teil 1 besprochen. Die Ablesung des Teilkreises erfolgt an einem Indexstrich oder über ein Strichmikroskop. Der Einsatz der Nivellier-Tachymeter ist jedoch nur in mäßig geneigtem Gelände möglich, da bei stärkerer Geländeneigung die Zielweiten infolge der waagerechten Ziellinie zu kurz würden. Der Teilkreis ist meistens auf 1 dgon oder 1 cgon abzulesen, die Entfernung wird mit den Distanzstrichen ermittelt. Wegen der waagerechten Ziellinie wird immer die waagerechte Entfernung gemessen (Tafel 5.9).

Messungsanordnung

1. Nivellier-Tachymeter auf dem Standpunkt zentrieren und horizontieren. Instrumentenhöhe i messen (Sp. 1).
2. Anschlußrichtung zu einem bekannten Punkt bestimmen (Sp. 6).
3. Anzielen der auf den Geländepunkt aufgehaltenen Nivellierlatte bei einspielender Libelle; am Mittelstrich t ablesen (Sp. 2).
4. Oberen bzw. unteren Strich auf einen runden Wert mittels Kippschraube einstellen und am anderen Strich ablesen (Sp. 4). Wenn keine Kippschraube vorhanden ist, z. B. bei Nivellieren mit automatischer Horizontierung, sind beide Ablesungen unrund.
5. Horizontalkreis ablesen (Sp. 6).
6. Die Höhe des Einzelpunktes (Sp. 7) ist gleich Standpunkthöhe $+(i-t)$.

Tafel **5**.9 Vordruck und Beispiel für die Geländeaufnahme mit einem Nivellier-Tachymeter

| Instrument: ...... | Add. Konst. $c = 0$ | Datum: ......, Wetter: ...... |
| Latte: ...... | Mult. Konst. $k = 100$ | Gemessen durch: NN |

1	2	3	4	5	6	7	8
(*i*) Stand- punkt	(*t*) Ziel- punkt	$i - t$	Latte l_0 l_u	$100\,l$ $= s$	Horizont.- Kreis gon	Höhe ü. NN	Bemer- kungen
(1,48) 1	4				32,52	55,48	
	(2,49) 21	$-1,01$	2,865 2,100	76,5	48,17	54,5	
	(1,04) 22	$+0,44$	1,294 0,800	49,4	49,50	55,9	Gebäude- Ecke
	(3,17) 23	$-1,69$	3,415 2,900	51,5	80,61	53,8	

5.5 Bussolen-Tachymetrie

Eine Magnetnadel stellt sich durch die magnetische Richtkraft der Erde in die Richtung „Magnetisch-Nord" ein. Für die Geländeaufnahme ist die Magnetnadel als gleichbleibender Richtungsanzeiger zu betrachten, von dem aus zu den aufzunehmenden Punkten magnetische Richtungswinkel (Streichwinkel) bestimmt werden. Diese sind mit dem geodätischen Gitternetz in Verbindung zu bringen.

In Bild **5**.10 ist ein Meridianstreifensystem mit seinem Hauptmeridian und den Parallelen dazu dargestellt. Der Hauptmeridian bildet mit den Parallelen das Gitternetz; die Gitterlinien laufen nach „Gitter-Nord". Weiter sind der Magnetische Meridian (MM) mit „Magnetisch-Nord" und der Astronomische Meridian (AM) mit „Geographisch-Nord" angegeben.

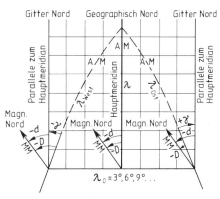

5.10   Deklination D, Nadelabweichung d,
Meridiankonvergenz γ

Die Abweichung D des Magnetischen Meridians MM vom Astronomischen Meridian AM heißt **Deklination** oder **Mißweisung**. Die Deklination wird als positiv oder östlich bzw. negativ oder westlich bezeichnet, je nachdem, ob das Nordende der Magnetnadel östlich oder westlich von der Nord-Süd-Richtung (AM) liegt.

In Deutschland ist die Deklination negativ oder westlich. Sie ist in ein und demselben Punkt der Erde nicht gleichbleibend, sondern täglichen periodischen (im Sommer $\approx 10'$, im Winter $\approx 4'$) und fortschreitenden (jährliche Verkleinerung $\approx 7'$) Änderungen unterworfen[1]). Die Änderung der Deklination wird bei tachymetrischen Messungen keine große Rolle spielen, da sie unterhalb der Ablesegenauigkeit der meisten Bussolen liegt.

Der Winkel γ zwischen dem astronomischen Meridian AM und der Gitterlinie heißt **Meridiankonvergenz**; sie ist nach Osten vom Hauptmeridian positiv, nach Westen negativ und kann näherungsweise bestimmt werden nach $\gamma = +(\lambda - \lambda_0)\sin\varphi$ ($\lambda =$ geogr. Länge und $\varphi =$ geogr. Breite im Beobachtungspunkt; $\lambda_0 =$ geogr. Länge des Hauptmeridians des Koordinatensystems).

Für tachymetrische Messungen ist die **Nadelabweichung** d wichtig. Sie ist der Winkel zwischen der Gitterlinie und dem Magnetischen Meridian und in Punkten ostwärts des Meridians größer, westwärts kleiner als die Deklination D.

In den amtlichen Kartenwerken ist die Nadelabweichung (gegen die Gitterlinie), die sich jeweils auf Blattmitte bezieht, für ein bestimmtes Datum angegeben; weiter ist die jährliche Abnahme vermerkt, so daß die Nadelabweichung für jeden Zeitpunkt errechnet werden kann.

Bei Anwendung der Bussolen-Tachymetrie bestimmt man die Nadelabweichung durch Vergleich des geodätischen mit dem magnetischen Richtungswinkel (Streichwinkel). Dieser aus Messungen gefundene Wert schließt den Anzeigefehler der Nadel mit ein, deshalb wird er als **Reduktionswert** d'[2]) bezeichnet. Um ihn zu bestimmen, wird in A (5.11) der Streichwinkel μ nach einem bekannten Punkt B gemessen und der geodätische Richtungswinkel t aus den Koordinaten von A und B errechnet.

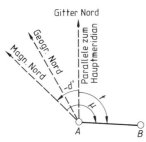

$$\tan t = \frac{y_B - y_A}{x_B - x_A}$$

Der Reduktionswert ist dann

$$d' = t - \mu$$

In Deutschland ist d' negativ.

5.11   Beziehung zwischen geodätischem
       Richtungswinkel und Streichwinkel

---

[1]) Die Änderungen werden vom Erdmagnetischen Observatorium Fürstenfeldbruck über selbstschreibende Deklinatoren festgestellt. Das Observatorium fertigt auch eine Isogonenkarte (Isogon = Linie, die Orte gleicher Deklination verbindet) und eine Karte gleicher Nadelabweichungen.

[2]) Er wird auch „Mißweisung der Sicht" genannt.

Jeder gemessene Streichwinkel μ wird um den Reduktionswert d' verbessert; damit sind die geodätischen Richtungswinkel t gefunden, mit denen die Koordinaten der Punkte des Bussolenzuges gerechnet werden können. Es ist $t = \mu + d'$.

Bei Anwendung der Bussolen-Tachymetrie bestimmt man den Reduktionswert d' täglich mehrmals mit der zum Einsatz kommenden Bussole.

Die Neigung der Nadel gegen die Waagerechte nennt man Inklination. Ihr Einfluß ist durch ein kleines Gegengewicht am Südende der Nadel auszugleichen, so daß sich Nord- und Südende der Nadel in einer Waagerechten befinden.

5.5.1 Bussolen

Zum Festlegen der magnetischen Nordrichtung dient der Kompaß. In einer Kompaß-büchse schwingt die mit einem Achat- oder Granathütchen versehene Magnetnadel, deren Südpol hell poliert ist, auf der gehärteten Spitze eines scharfen Stiftes (Pinne). Die Nadel kann für den Transport arretiert (festgelegt) werden; dabei wird sie mittels eines kleinen Hebels H (**5.**12) von der Pinne gehoben und gegen das Abschlußglas gepreßt. Das Gewicht G auf der Magnetnadel gleicht die Inklination aus. Am Kompaß dürfen keine Eisenteile vorhanden sein, auch sind solche (Taschenmesser, Schlüssel usw.) bei der Beobachtung fernzuhalten, da sie eine Ablenkung der Magnetnadel bewirken.

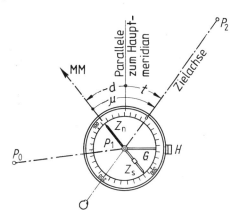

5.12   Kompaßbüchse (schematisch)

Um sofort den Streichwinkel ablesen zu können, ist die Kreisteilung – im Gegensatz zum Theodolit – linksläufig beziffert. Eine Ausnahme bildet die Schmalcalder-Bussole (s. Abschn. 5.5.1.1). Die Nullrichtung der Kreisteilung liegt in der Ziellinie oder parallel zu dieser. Erhält der Kompaß eine Zielvorrichtung, so nennt man ihn Bussole. Man unterscheidet Kreisbussolen und Röhrenbussolen.

Wegen der unsicheren Daten des erdmagnetischen Feldes können Restfehler bei der Bussolenorientierung nicht ausgeschlossen werden. Eine absolute Orientierung nach Geographisch Nord liefert der Kreisel, der auf einen Theodolit aufgesetzt werden kann.

5.5.1.1 Kreisbussolen

Diese kreisrunden Bussolen tragen die Teilung auf ihrer Peripherie. Je nach Anordnung der Zielvorrichtung spricht man von Diopter-, Fernrohr- und Tachymeterbussolen.

Diopterbussolen sind nur zum Messen von Richtungen eingerichtet. Sie werden beim Wegebau, in der Forstwirtschaft u.ä. eingesetzt. Die Zielvorrichtung besteht aus einem Faden und einem Sehschlitz; sie ist mit dem Gehäuse und dem Teilkreis fest verbunden und fällt mit dem Nullpunkt der Teilung zusammen. Die Bussole wird auf einen Stock (Stockbussole) oder auf ein einfaches Zapfenstativ aufgesteckt und mit einer Dosenlibelle horizontiert. Mit der Zielvorrichtung stellt man das Ziel ein und liest am Nordende der Magnetnadel den Streichwinkel ab.

Bei der Schmalcalder-Prismenbussole [1]) ist ein leichter Ring aus Karton oder Aluminium mit einer Winkelteilung auf der Magnetnadel befestigt (**5.13** und **5.14**). Der Nullstrich und das Nordende der Nadel fallen zusammen. Der Teilkreis wird durch die Magnetnadel nach Magnetisch-Nord orientiert und ist deshalb rechtsläufig geteilt. Vor den Diopterschlitz ist ein Dreiseitprisma vorgeschaltet, über das, gleichzeitig mit der Zieleinstellung, der Streichwinkel abgelesen wird. Der untere Teil des Prismas ist konvex geschliffen und dient als Lupe.

Eine Fernrohrbussole hat ein kleines, meistens exzentrisches Fernrohr als Zielvorrichtung und einen Höhenkreis. Sie wird auf einem Stativ befestigt und mit einer Dosenlibelle horizontiert. Bei exzentrischem Fernrohr ist in beiden Fernrohrlagen zu messen; das Mittel ergibt den Streichwinkel.

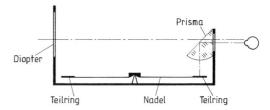

5.13   Prismatischer Kompaß mit Kugel-gelenkkopf (Breithaupt)

5.14   Schnitt durch eine Schmalcalder-Bussole (schematisch)

[1]) Mechaniker Schmalcalder 1812.

Die Tachymeterbussole hat zusätzlich zur Teilung der Bussole noch einen Teilkreis (**5**.15). Das Fernrohr ist zentrisch oder exzentrisch angeordnet. Der Reduktionswert d' kann am Teilkreis der Bussole eingestellt und so bei der Messung bereits berücksichtigt werden. Mit den Distanzstrichen und dem Höhenkreis sind die Entfernungen und Höhenunterschiede optisch zu bestimmen.

5.15   Tachymeterbussole BUMON
(Breithaupt)

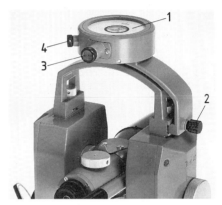

5.16   Kreisbussole
1 Abschlußglas, 2 Befestigungsschraube
3 Ableselupe, 4 Arretierknopf

Zu vielen Theodoliten gibt es aufsetzbare Kreisbussolen oder Röhrenbussolen als Sonderzubehör. Eine Kreisbussole hat ≈ 10 cm $\varnothing$ und ≈ 8 cm Nadellänge und läßt sich an dem Fernrohrträger anbringen (**5**.16). Der Nullpunkt der Bussolenteilung zeigt zum Objektiv und liegt in der Ebene der Ziellinie. Vielfach kann auch hier der Reduktionswert durch Verdrehen der Skala eingestellt werden. Das Fernrohr des Theodolits bleibt auch bei aufgesetzter Bussole durchschlagbar. Die Richtungsangabe ist ± 1 dgon.

5.5.1.2 Orientierbussolen (Röhrenbussolen)

Die Magnetnadel befindet sich in einem Kasten oder in einer Röhre; damit ist der Bereich ihrer Bewegung eingeschränkt.

Die Kastenbussole gehört zum Zubehör eines Meßtisches (s. Abschn. 5.7.1). Der Bussolenkasten ist mit einer Dosenlibelle zum Horizontieren des Meßtisches ausgerüstet. Die Teilung der Bussole gestattet das Einstellen des Reduktionsvertes auf 1 dgon. Die Orientierbussole (**5**.17) ist Zubehör zum Theodolit. Sie wird auf einen Fernrohrträger aufgesteckt oder an diesen angeschraubt. Vom Stand des Beobachters aus ist die Koinzidenzstellung der beiden Nadelenden der Bussole zu beobachten. In dieser Stellung wird der Horizontalkreis abgelesen, der damit für alle weiteren Ablesungen auf eine bestimmte Nullrichtung orientiert ist. Man kann auch den Teilkreis auf Null stellen und den Limbus drehen, bis die Nadel einspielt, dann ergibt jede Ablesung den Streichwinkel. Bei Einachstheodoliten läßt man erst die Nadel einspielen und stellt dann den Teilkreis auf Null. Die Einstellgenauigkeit beträgt 5 ... 10 cgon.

Der Reduktionswert ist auch bei Orientierbussolen einstellbar.

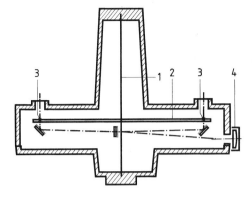

5.17   Schnitt durch eine Orientierbussole
1 Spannband
2 Bussolennadel
3 Nadelmarken
4 Fenster zur Beobachtung der
   Koinzidenz der Nadelmarken

5.5.2 Fehler der Bussolen

Die Linie 0 gon–200 gon der Kreisteilung soll in der zur Kippachse senkrechten Zielebene oder einer Parallelen dazu liegen. Die Nadel darf keinen Knick aufweisen, ihr Auflagepunkt muß genau zentrisch zur Teilung liegen und sie darf in ihren Schwingbewegungen nicht gehemmt sein.

Der erste Fehler fällt beim Messen in zwei Fernrohrlagen heraus, die Nadelknickung und der exzentrische Auflagepunkt werden durch das Ablesen an beiden Ableseenden unschädlich gemacht, das freie Schwingen wird durch Säubern der Pinne und des Achathütchens gewährleistet.

Die Fehler sind jedoch in dem Reduktionswert d', der aus dem Vergleich des geodätischen Richtungswinkels mit dem Streichwinkel einer bekannten Strecke gefunden wird, enthalten. Es ist

$$d' = d + A$$

Reduktionswert gleich Nadelabweichung plus Anzeigefehler der Bussole. Deshalb wird vor und nach der Bussolenaufnahme mit dem verwendeten Instrument zwischen bekannten Punkten der Streichwinkel gemessen (s. Beisp. Taf. **5**.19).

5.5.3 Bussolenzüge

Während beim Messen der Brechungswinkel eines Polygonzuges jede Streckenrichtung hin und zurück beobachtet wird, braucht dies beim Bussolenzug nur einmal zu geschehen, wenn nicht durch Doppelmessung eine Kontrolle erwünscht ist. Man kann verschiedene Messunganordnungen treffen:

1. Es wird in Springständen beobachtet. Dabei wird jeder zweite Brechungspunkt übersprungen und auf den Beobachtungspunkten rückwärts und vorwärts der Streichwinkel bestimmt. In Bild **5**.18 werden in 7, $B2$, und 19 mit der Bussole die Streichwinkel gemessen, während man die Punkte $B1$ und $B3$ nur zum Anzielen zu signalisieren braucht. Eventuelle Zentrierfehler sind bei diesem Verfahren unschädlich.

2. Auf jedem Brechungspunkt wird für die Strecke vorwärts der Streichwinkel gemessen.

3. Auf jedem Brechungspunkt wird für die Strecke rückwärts und vorwärts der Streichwinkel ermittelt, so daß für jede Strecke der Streichwinkel doppelt beobachtet und damit kontrolliert ist.

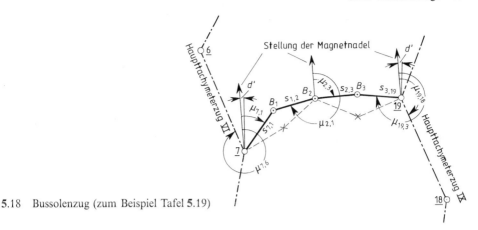

5.18   Bussolenzug (zum Beispiel Tafel 5.19)

Die kurzen, $\approx 50\ldots80$ m langen Seiten des Bussolenzuges werden optisch gemessen. Gleichzeitig mit dem Streichwinkel und der Strecke wird auch der Höhenunterschied von Punkt zu Punkt ermittelt und die Einzelpunktaufnahme vorgenommen.

Die einfache Messung der Strecken und der Höhenunterschiede reicht aus. Werden diese Werte dennoch doppelt gefordert, so wird man bei Beobachtung mit Springständen neben jedem Zielpunkt einen weiteren Punkt signalisieren und über diese Zweitpunkte einen weiteren Bussolenzug messen, wie in Bild **5.18** gestrichelt angegeben ist.

Beispiel. Im Zuge einer Tachymeteraufnahme wird an die Punkte 7 und 19 der Haupttachymeterzüge VI und IX ein Bussolenzug angeschlossen, um ein Waldstück zu erfassen (**5.18**). Die Messung des Bussolenzuges und die Geländeaufnahme erfolgen in einem Meßgang.

Aus Platzgründen wurde ein Bussolenzug mit nur drei Punkten gewählt.

Messungsanordnung
1. Tachymeter im Punkt 7 zentrieren und horizontieren. Instrumentenhöhe i bestimmen (Sp. 1).
2. Teilkreis auf Null stellen und bei geöffneter Limbusklemme das Fernrohr ungefähr nach Norden richten, Arretierung der Orientierbussole lösen und Koinzidenz der beiden Nadelenden der Bussole herstellen, Limbusklemme festlegen. Jetzt ist das Instrument nach Magnetisch-Nord orientiert und man mißt zu jedem weiteren Ziel den Streichwinkel.
3. Punkt 6 anzielen und am Teilkreis den Streichwinkel ablesen (Sp. 4). Wenn hier auch Zentigon abgelesen wurden, so liegt die Genauigkeit doch in der Einspielgenauigkeit der Bussole von $5\ldots10$ cgon.
4. Punkt $B1$ des Bussolenzuges anzielen, t vermerken (Sp. 2), am Teilkreis den Streichwinkel (Sp. 4), am Diagramm die waagerechte Entfernung s (Sp. 6) und, da $i = t$ ist, den Höhenunterschied ΔH (Sp. 8) ablesen.
5. Punkt $B1$ als Standpunkt überspringen und Instrument auf $B2$ aufstellen, i messen (Sp. 1). Teilkreis wie unter Ziff. 2 nach Magnetisch-Nord orientieren. Zum rückwärts gelegenen Punkt $B1$ Streichwinkel (Sp. 4), Entfernung (Sp. 6) und Höhenunterschied h (Sp. 7) messen. Der Streichwinkel ist in diesem Fall um 200 gon zu groß und der Höhenunterschied h hat das entgegengesetzte Vorzeichen; er wird in Sp. 8 mit richtigem Vorzeichen übernommen.
6. Von $B2$ aus werden die Geländepunkte 76 bis 80 aufgenommen.
7. Als letzter Punkt wird $B3$ des Bussolenzuges angezielt und μ, s und ΔH werden ermittelt.

Tafel **5**.19 Vordruck und Beispiel für die Messung eines Bussolenzuges bei gleichzeitiger Geländeaufnahme mit einem Diagramm-Tachymeter mit Orientierbussole

Instrument: .... Add. Konst. $c = 0$ Bussolenzug Nr. .... Datum: ......
Latte: .... Mult. Konst. $k = 100$ Wetter: ......
Gemessen durch: NN

1	2	3	4	5	6	7	8	9	10
(i) Standpunkt	(t) Zielpunkt	$i-t$	Streichwinkel μ gon	Richtungswinkel t gon	Entfernung s	h	$\Delta H =$ $h+(i-t)$	Höhe ü. NN	Bemerkungen
(1,43) 7	6		378,54	(375,53)				278,46	$d'=t-\mu$ $d' =$ $-3,01$ gon
	(1,43) B1	0	48,67	45,67	68,1		+ 3 + 4,18	282,67	
(1,52) B2	(1,52) B1	0	291,34	288,34	59,7	−3,75	+ 3 + 3,75	286,45	
	76	0	346,17	343,17	58,2		− 4,07	282,38	
	(2,52) 77	−1,00	398,40	395,40	83,1	+1,30	+ 0,30	286,75	
	78	0	61,15	58,15	62,0		+ 2,80	289,25	
	(3,00) 79	−1,48	154,68	151,68	52,3	−2,40	− 3,88	282,57	
	80	0	198,20	195,20	41,4		− 2,14	284,31	
	(1,52) B3	0	102,37	99,37	56,2		+ 3 + 2,68	289,16	
(1,46) 19	(1,46) B3	0	314,80	311,70	60,1	−3,50	+ 4 + 3,50	292,70	$d'=t-\mu$ $d' =$ $-2,98$ gon Mittel
	18		181,80	(178,82)					
							+14,11 $w_h = +0,13$	+14,24	$d' =$ $-3,0$ gon

8. Punkt $B3$ wird als Standpunkt wieder übersprungen und das Instrument auf Punkt 19 aufgestellt, auf dem nach $B3$ und 18 die Streichwinkel (Sp. 4) und nach $B3$ die Entfernung (Sp. 6) und der Höhenunterschied h (Sp. 7) zu messen sind.

9. Die Berechnung der Haupttachymeterzüge liefert die geodätischen Richtungswinkel von 7 nach 6 mit 375,53 gon und von 19 nach 18 mit 178,82 gon. Diese Werte sind in Sp. 5 in Klammern übernommen.

Es ist dann

$$d' = t_{7,6} \quad - \mu_{7,6} \quad = 375{,}53\,\text{gon} - 378{,}54\,\text{gon} = -3{,}01\,\text{gon}$$

und $\quad d' = t_{19,18} - \mu_{19,18} = 178{,}82\,\text{gon} - 181{,}80\,\text{gon} = -2{,}98\,\text{gon}$

Um den Mittelwert $d' = -3{,}0\,\text{gon}$ sind alle Streichwinkel zu reduzieren, womit die Richtungswinkel gewonnen sind (Sp. 5), mit denen der Bussolenzug wie ein Polygonzug gerechnet werden kann. Die Summe der ΔH muß gleich $H_E - H_A$ sein, eine auftretende Abweichung verteilt man gleichmäßig. Die für die Punkte des Bussolenzuges ermittelten Werte sind hervorgehoben.

Die Genauigkeit der Bussolenzüge ist von der Empfindlichkeit der Nadel und dem Durchmesser des Teilkreises der Bussole abhängig. Bei einem Durchmesser von 8 ... 12 cm rechnet man mit einer Standardabweichung von 1 ... 3 dgon. Die Seiten sollen kurz sein, damit die Querabweichung klein bleibt. Eine Winkelabweichung wirkt sich immer nur auf eine Seite aus und pflanzt sich nicht fort, wie es beim Polygonzug der Fall ist.

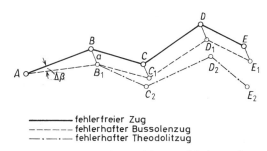

———————— fehlerfreier Zug
– – – – – – fehlerhafter Bussolenzug
—·—·—·— fehlerhafter Theodolitzug

5.20   Fehlerfortpflanzung in Bussolen- und Polygonzügen

In Bild 5.20 ist ein Zug dargestellt, dessen erste Richtung eine kleine Abweichung $\Delta\beta$ aufweist, dessen weitere Winkel aber fehlerfrei sind. Die Verschwenkung $\Delta\beta$ pflanzt sich bei dem strichpunktierten Polygonzug mit der Länge des Zuges fort, während beim gestrichelten Bussolenzug von Punkt B ab nur eine Parallelverschiebung eintritt. Wenn auch die Fehlerfortpflanzung beim Bussolenzug günstig ist, spielt er doch nur eine untergeordnete Rolle. Er wird hauptsächlich bei Tachymeteraufnahmen in Wäldern angewandt, die der Fertigung und Ergänzung von Karten und Plänen dienen. Man braucht die Bussolenzüge nicht unbedingt zu berechnen, sondern kann sie leicht graphisch in Karten und Plänen einpassen. Hierzu wird der Zug aufgetragen (5.21), der in E' anstelle E endet. Zum Einpassen des Zuges in den Plan verbindet man A mit E' und fällt auf diese Linie die Lote von den Zwischenpunkten B', C', D'. Durch die Fußpunkte werden die Parallelen zu $E E'$ gezogen und in deren Schnittpunkten mit $A E$ Senkrechte errichtet, auf denen die Lote von den Zwischenpunkten auf $A E'$ abzusetzen sind.

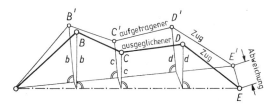

5.21   Graphisches Einpassen von Bussolenzügen

5.6 Fertigen eines Höhenlinienplanes

Die Koordinaten und Höhen der Punkte der Haupttachymeterzüge werden berechnet. Zur Kartierung dieser Punkte ist ein Quadratnetz nicht unbedingt erforderlich, aber zweckmäßig. Die auf Transparentpapier aufgetragenen Nebentachymeterzüge und Bussolenzüge sind in das kartierte Haupttachymeternetz einzupassen. Die aufgenommenen Geländepunkte lassen sich nun für jeden Tachymeterstandpunkt getrennt nach Polarkoordinaten mittels Kartiergeräten zu Papier bringen. Den Geländepunkt bezeichnet ein kleiner schwarzer Kreis unter Angabe seiner Höhe ü. NN (5.22). Geeignete Kartiergeräte sind u. a. der Tachymeter-Transporteur, das Kartameter und der Digital-Polarkoordinator von Ott.

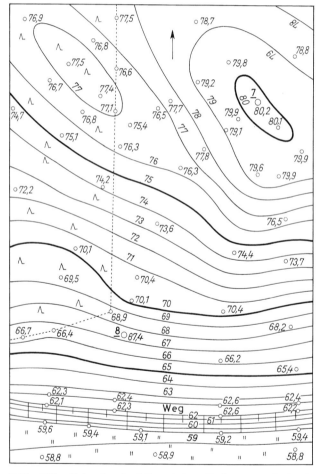

5.22 Höhenlinienplan (auf Grund einer Tachymeteraufnahme)

Der Tachymeter-Transporteur (**5**.23) ist eine Kreisscheibe aus transparentem Aristopal mit 7,5 cm Radius, in der, vom Mittelpunkt ausgehend, ein Maßstab 1 : 5000 ausgeschnitten ist. Die Kreisteilung ist linksläufig. Der Mittelpunkt wird auf dem Tachymeterstandpunkt festgelegt und der Transporteur gedreht, bis die Tachymeterseite durch den Wert der Winkelangabe der Richtung des zu kartierenden Punktes geht. Dann setzt man die Entfernung am Maßstab ab.

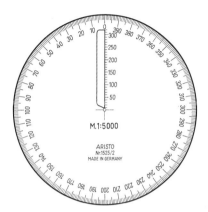

5.23   Tachymeter-Transporteur

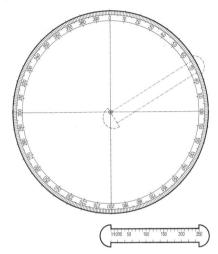

5.24   Kartameter, Kreisscheibe mit Lineal

Das Kartameter (**5**.24) ist eine Kreisscheibe aus Astralon mit einem Radius von 25 cm und rechtsläufiger Teilung mit einem drehbaren Lineal. Die Kreisscheibe wird unter den transparenten Zeichenträger gelegt und orientiert, so daß der Mittelpunkt sich mit dem Punkt deckt, von dem die Geländepunkte aufgenommen wurden. An der von diesem Punkt ausgehenden Seite des Tachymeterzuges wird der Richtungswinkel oder Null abgelesen. Das auf der Zeichnung befindliche Lineal mit den Maßstäben 1 : 5000 und 1 : 1000 bzw. 1 : 2000 und 1 : 2500 wird durch den durchbohrten Mittelpunkt der Scheibe festgelegt. Mit ihm können die aufgenommenen Geländepunkte kartiert werden.

Der Digital-Polarkoordinator (**5**.25) von Ott besitzt ein um einen Pol drehbares Lineal mit Kopiernadel, das mit einer Winkelmeßrolle verbunden ist. Die Veränderungen der Lage des Lineals werden von der Meßrolle als Drehwinkel digital angezeigt. Das Lineal ist mit Maßstäben 1 : 250 bis 1 : 2000 auszurüsten.

Den Plan mit den eingetragenen Geländepunkten und deren Höhen (Koten) nennt man auch „kotierten Plan". Er bildet mit dem Feldbuch (**5**.5) die Grundlage für die Konstruktion der Höhenlinien. Diese werden durch Interpolation zwischen den kotierten Punkten gefunden. Man interpoliert rechnerisch oder zeichnerisch durch Aufzeichnen einer Schar gleichabständiger paralleler Linien auf Pauspapier (s. Teil 1, Abschn. Flächennivellement). Interpoliert wird in Richtung des stärksten Gefälles und längs der Geripplinien. Die Höhenlinien schneiden Fallinien, Rücken- und Tiefenlinien senkrecht und haben beim Schnitt mit den Rücken- und Tiefenlinien ihre stärkste Krümmung. Die Linie eines fließenden Gewässers ist in der Regel die tiefste Linie. An Kanten (Gräben, Böschungen usw.) knicken die Höhenlinien scharf ab.

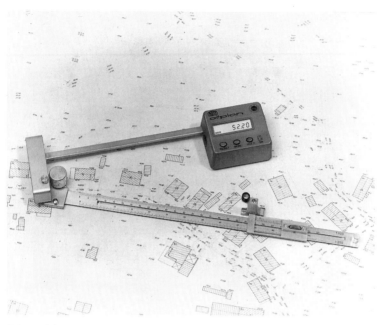

5.25 Digital-Polarkoordinator (Ott)

Um den Verlauf der Höhenlinien flüssig zu gestalten, dürfen sie von den interpolierten Punkten geringfügig abweichen. Im flachen Gelände kann die Konstruktion der Höhenlinien freizügiger sein als im steilen Gelände; hier ist streng zu interpolieren. Man konstruiert die Höhenlinien zunächst grob für eine kleine Fläche, um sie dann für eine größere Fläche zügig herauszuarbeiten. Die Höhenlinien werden nach einem abschließenden Feldvergleich in Sepia ausgezogen, wobei je nach Maßstab die 5, 10 oder 50 m-Linie hervorzuheben ist. Die Beschriftung der Höhenlinien erfolgt so, daß die Zahlen aufrechtstehen, wenn der Beschauer gegen den Berg sieht. Die Zahl steht auf oder in der Linie.

Der Zweck der Karte oder des Planes bestimmt auch deren Genauigkeit, jedoch sollten Zweck und Aufwand in einem gesunden Verhältnis stehen. Man unterscheidet die Genauigkeit der Einzelpunktaufnahme und die Genauigkeit der Höhenlinie. Die letztere ist abhängig von der Neigung des Geländes, aber auch von der Güte der Aufnahme, die jedoch formelmäßig nicht zu erfassen ist.

Für einen gemessenen und einwandfrei wiederherzustellenden Punkt beträgt[1] die

mittlere Lageabweichung im Felde ± 3 m; im Walde ± 7 m;

mittlere Höhenabweichung $\pm 0,3$ m

---

[1] Nach dem Handbuch für die topographische Aufnahme der Deutschen Grundkarte.

Für die Höhenlinien (Maßstab 1:5000) ist die

mittlere Höhenabweichung $m_h = \pm(0{,}4 + 5 \cdot \tan \alpha)$ in m

α = Geländeneigung

mittlere Lageabweichung $m_L = \pm(5 + 0{,}4 \cdot \cot \alpha)$ in m

Das ergibt

Geländeneigung in gon		0	5	10	20	30
mittlere Höhenabweichung	m_h in m	0,4	0,8	1,2	2,0	2,9
mittlere Lageabweichung	m_L in m	∞	10	7,5	6,2	5,8

5.6.1 Digitales Geländemodell

Bei der Anwendung moderner Aufnahmeverfahren unter Einsatz elektronischer Tachymeter und Abspeicherung der Meßdaten werden die Meßergebnisse digital erfaßt. Man wird zusätzlich für jeden Punkt eine Codierung abspeichern, die angibt, ob aufeinanderfolgende Punkte höhenmäßig zu interpolieren sind, ob nebeneinanderliegende Punkte eine Geländekante darstellen usw. Die automatische Auswertung ergibt das „gemessene digitale Geländemodell" (DGM). Die unregelmäßige Punktverteilung ist jedoch für viele weitere Anwendungen wenig geeignet. Man führt deshalb ein Gitter mit vorgegebener Maschenweite ein, dessen Punkte durch Interpolieren zwischen gegebenen Meßpunkten gefunden werden. Die Maschenweite wird man kleiner als den Abstand der Meßpunkte wählen. Die Daten der Eckpunkte des Gitters bezeichnet man mit „gerechnetem digitalen Geländemodell".

Dies bildet die Grundlage zur Lösung vieler Aufgaben. Durch die Wahl geeigneter Software werden mit dem Computer für die Herstellung topographischer Karten und Pläne die Höhenlinien konstruiert. Für die Lösung bautechnischer Aufgaben werden Längs- und Querprofile, Flächen, Massen usw. berechnet.

5.7 Meßtisch-Tachymetrie

Die Geländedarstellung ist mit Meßtisch und Kippregel angesichts des Geländes vorzunehmen. Für den Anfänger ist es sehr anschaulich, wenn die Karte oder der Plan mit den Höhenlinien direkt während der Aufnahme an Ort und Stelle entsteht. Nachdem der Meßtisch im Gelände aufgestellt und orientiert ist, werden mit der Kippregel die Entfernungen und Höhenunterschiede zu den Geländepunkten gemessen, aufgetragen und die Höhenlinien konstruiert.

5.7.1 Meßtischausrüstung mit Kippregel

Die auf einem drehbaren Teller oder auf einem Gelenkkopf befestigte Meßtischplatte aus Holz oder Metall trägt den Zeichenkarton. Der Teller mit Dreifuß oder ein Gelenkkopf stellen die Verbindung zum Stativ her (**5**.26). Der Meßtisch wird wie ein Theodolit über dem Meßpunkt zentriert und horizontiert.

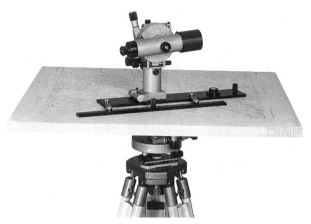

5.26   Meßtisch mit Kippregel

Die Kippregel liefert die Entfernung und den Höhenunterschied zu dem Geländepunkt, der sofort kartiert wird. Das Kartierlineal ist mit der Grundplatte verbunden, auf der die Säule steht, die das durchschlagbare Fernrohr mit dem Höhenkreis trägt. Der Horizontalkreis entfällt, da mit der freibeweglichen Kippregel für jeden Punkt die Richtung auf dem

5.27   Elektronische Kippregel (Breithaupt)

Papier angerissen wird. Die Entfernungen und die Höhenunterschiede bestimmt man wie bei den Tachymetern mit den Distanzstrichen und dem Vertikalkreis oder über Diagramme. Zum Einrichten des Meßtisches dient eine Orientierbussole (Kastenbussole).

Die elektronische Kippregel mit automatischem Lotsensor von Breithaupt (**5.**27) besitzt einen reduzierenden, elektro-optischen Distanzmesser. Dieser verfügt über einen Lotsensor, der den Vertikalwinkel automatisch erfaßt; so werden die reduzierte Strecke und der Höhenunterschied berechnet und angezeigt. Durch den automatischen Lotsensor erübrigt sich die sonst vor jeder Messung in Zielrichtung vorzunehmende Horizontierung. Die Prismenkonstante, Erdkrümmung und Refraktion werden automatisch berücksichtigt.

Das Fernrohr ist über der Sende- und Empfangsoptik des Distanzmessers angeordnet und hat 45°-Schrägeinblick.

5.7.2 Prüfen und Berichtigen von Meßtisch und Kippregel

Der Meßtisch muß plan sein. Unebenheiten sind abzuschmirgeln.

Das Lineal der Kippregel muß gerade sein. Zur Prüfung wird mit dem Lineal ein Strich gezogen und die Kippregel umgesetzt. Strich und Kante müssen wieder zusammenfallen.

Der Ziellinienfehler wird wie beim Theodolit bestimmt. Man zielt einen $\approx 100\,\mathrm{m}$ entfernten Punkt bei ungefähr waagerechter Ziellinie an und reißt die Richtung auf dem Papier an. Die Kippregel wird umgesetzt, das Lineal an die gezeichnete Linie angelegt und das Fernrohr durchgeschlagen. Der Zielpunkt müßte im Strichkreuz erscheinen. Ein Fehler ist zur Hälfte durch Verschieben des Strichkreuzes, zur Hälfte durch Drehen des Tisches zu beseitigen.

Ein Kippachsenfehler liegt vor, wenn bei einspielender Querlibelle die Kippachse nicht waagerecht ist. Zur Prüfung wird ein $\approx 3\,\mathrm{m}$ langes Lot in $4\ldots 5\,\mathrm{m}$ Entfernung ungefähr 2,50 m über der Kippregel aufgehängt. Nach Anzielen des Lotfadens bei waagerechter Sicht kippt man das Fernrohr nach oben. Faden und Strichkreuz müßten sich jetzt auch noch decken. Wenn nicht, werden sie mit der Einspielschraube der Querlibelle zur Deckung gebracht. Der Ausschlag der Querlibelle ist mit ihren Justierschrauben zu beseitigen.

Der Indexfehler ist wie beim Theodolit zu bestimmen und zu beseitigen.

Zur Prüfung der Forderung Achse der Fernrohrlibelle parallel zur Ziellinie wird bei einspielender Fernrohrlibelle an einer 20 m entfernten Nivellierlatte in beiden Fernrohrlagen abgelesen, das Strichkreuz auf die Mittelablesung eingestellt und die Libelle mit ihren Justierschrauben wieder zum Einspielen gebracht.

5.7.3 Geländeaufnahme mit Meßtisch und Kippregel

Für die Geländeaufnahme muß der Meßtisch horizontiert, zentriert und orientiert sein. Das Horizontieren geschieht mit einer auf den Meßtisch aufgesetzten Libelle. Den Meßtisch zentrieren heißt, einen Geländepunkt mit seinem Bildpunkt auf dem Papier senkrecht übereinanderzubringen, was mit einer Lotgabel erfolgen kann. Die Lotgabel ist ein Winkel aus Holz oder Metall (**5.**28). Der Winkel ist so bemessen, daß die Endpunkte seiner Schenkel bei waagerechter Auflage des einen Schenkels senkrecht untereinanderliegen. Dies ist durch Umsetzen der Lotgabel und zweimaliges Abloten eines Punktes zu überprüfen.

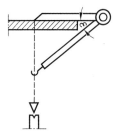

5.28 Lotgabel zum
Zentrieren des
Meßtisches

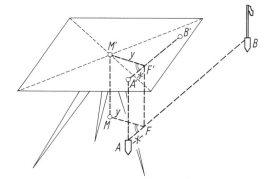

5.29 Zentrieren des Meßtisches

Man kann den Meßtisch auch zentrieren, indem sein Mittelpunkt in der Örtlichkeit festgelegt wird (**5.**29). Gefordert wird die zentrische Aufstellung des Meßtisches über dem Punkt A, d. h. daß der Kartenpunkt A' lotrecht über A liegen muß. Hierzu fällt man vom Mittelpunkt M' des Meßtisches auf die Verbindungslinie $A'B'$ das Lot und erhält damit x und y. Diese Werte werden in der Örtlichkeit in bezug auf die Linie $A B$ abgesetzt und ergeben Punkt M, über dem der Meßtisch mit dem Lot zentrisch aufzustellen und zu horizontieren ist. Nun legt man das Lineal der Kippregel an die Bildgerade $A'B'$ an und dreht den Meßtisch so weit, bis der Punkt B sich mit dem Strichkreuz deckt. Jetzt ist der Meßtisch horizontiert, zentriert und orientiert. Man wird die Richtung nach gegebenen Punkten prüfen. Die Nordrichtung (Magn.-Nord) wird mit der Orientierbussole bestimmt und auf dem Plan angerissen. Für die Angabe der endgültigen Nordrichtung (Geod.-Nord, Gitterlinie) auf dem Plan ist der Reduktionswert zu berücksichtigen.

Zur Orientierung des Meßtisches braucht man mindestens zwei nach Lage und Höhe bekannte Punkte in der Örtlichkeit und deren Bildpunkte auf dem Papier. Diese Punkte sind gleichzeitig Meßtischstandpunkte zur Aufnahme des Geländes. Weitere Meßtischstandpunkte können durch graphische Verfahren gefunden werden, von denen hier nur das Vorwärtseinschneiden behandelt wird.

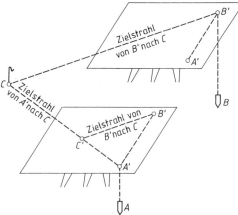

5.30 Graphisches Vorwärtseinschneiden

In Bild **5**.30 sind A' und B' die Bildpunkte der örtlich bekannten Punkte A und B. Der neue Meßtischstandpunkt C wird im Gelände festgelegt und mit der Kippregel auf dem über A zentrierten Meßtisch angeschnitten und die Richtung auf dem Papier angerissen. Dasselbe geschieht von Punkt B aus, auf dem der Meßtisch ebenfalls horizontiert, zentriert und orientiert wurde (B' über B). Der Schnitt beider Richtungen ergibt den Bildpunkt C', auf dem der Meßtisch für weitere Geländeaufnahmen aufzustellen ist (C' über C). Die Höhenübertragung erfolgt wie beim Tachymeter-Theodolit oder beim elektronischen Tachymeter.

Die Geländeaufnahme geschieht nach den in Abschn. 5.4 beschriebenen Gesichtspunkten. Die Höhe der Kippachse der Kippregel errechnet sich aus der Höhe ü. NN des Meßtischstandpunktes plus Instrumentenhöhe (Abstand vom Bodenpunkt bis zur Kippachse). Im Umkreis von 150 ... 250 m läßt sich das Gelände punktweise erfassen. Die Latte (Reflektor) wird auf dem aufzunehmenden Geländepunkt aufgehalten und die Entfernung sowie der Höhenunterschied abgelesen. Mit dem Lineal, das an dem Bildpunkt des Meßtischstandes anliegt, setzt man die Entfernung ab, bezeichnet den Punkt und schreibt die errechnete Höhe an. Die Höhenlinien werden angesichts des Geländes konstruiert und durch einen Geländegang ergänzt.

5.8 Praktische Hinweise zur Tachymetrie

1. Personeller Aufwand bei der Tachymeteraufnahme: 1 Ingenieur, 1 Beobachter am Instrument, 1 Schreiber, 2 Meßgehilfen. Jede Einsparung von Kräften verzögert und verteuert die Aufnahme. Beim Einsatz eines elektronischen Tachymeters und Registrierung der Daten kann jedoch der Personalaufwand erheblich eingeschränkt werden.

2. Vor der Messung muß der Maßstab des Planes festliegen, denn danach richtet sich die Punktdichte. Der Anfänger ist geneigt, weitaus mehr aufzunehmen, als darzustellen ist. Deshalb soll man sich bei der Geländeaufnahme immer wieder die Frage beantworten, ob die aufgenommenen Punkte in dem geforderten Maßstab in Lage und Höhe noch darstellbar sind.

3. Eine übersichtliche Feldbuchführung (Kroki) ist die Voraussetzung für eine einwandfreie Planherstellung. Die Eintragungen der Meßergebnisse für die Richtungswinkel, Entfernungen und Höhenunterschiede in den Vordruck müssen hinsichtlich der Punktnummern mit dem Feldbuch übereinstimmen. Dies ist bei jedem 10. Punkt durch Zuruf sicherzustellen.

4. Die Horizontal- und Vertikalwinkelmessung erfolgt bei der Einzelpunktaufnahme nur in einer Fernrohrlage. Der Tachymeter-Theodolit bzw. die Kippregel sind deshalb vorher auf ihre Fehler zu überprüfen, vor allem sind der Ziellinienfehler und der Indexfehler zu beseitigen.

5. Ein Nivellier-Tachymeter ist nur in mäßig geneigtem Gelände einzusetzen. Als Faustregel gilt, daß von einem Standpunkt aus alle Geländepunkte im Umkreis bis 100 m Entfernung erfaßt werden können. Ist das nicht der Fall, ist die Theodolit-Tachymetrie wirtschaftlicher.

6. Am wirtschaftlichsten ist der Einsatz von elektronischen Tachymetern. Die Zeitersparnis und damit auch die Ersparnis an Personalkosten bei der örtlichen Aufnahme und bei der Auswertung sind beträchtlich.

7. Der Plan wird auf Pauspapier oder auf einer Folie gezeichnet. Die Punkte mit ihren Höhen (Koten) sowie der Grundriß (Häuser, Wege, Eisenbahnen, Böschungen usw.) sind sofort in schwarzer Tusche darzustellen, während die Höhenlinien zunächst nur in Blei ausgezogen werden. Von diesem Plan ist eine Lichtpause als Arbeitsplan zu fertigen.

8. Der Arbeitsplan dient dem örtlichen Feldvergleich. Nicht zur Darstellung gekommene Geländeformen werden durch zusätzliche Aufnahme einiger Geländepunkte mit der Stockbussole erfaßt.

9. Für Voruntersuchungen zur Planung von Bauprojekten ist vielfach eine Tachymeteraufnahme in dem vorgenannten Umfang noch nicht zu vertreten. Hier kann eine einfache Kroki-Aufnahme mit Kompaß, Gefällmesser (Teil 1) und Schrittmaß genügen. Die Schrittzahl für 100 m bestimmt man auf einer Vergleichsstrecke und findet damit den Wert 100 dividiert durch Schrittzahl (z. B. $100:125 = 0,8$), mit dem jede abgeschrittene Strecke zu multiplizieren ist, um die schräge Länge in Metern zu erhalten. Die waagerechten Entfernungen und die Höhenunterschiede werden wie bei der Theodolit-Tachymetrie ermittelt. Dann wird die Aufnahme aufgetragen und in vorhandene Pläne eingepaßt.

6 Ingenieur-Vermessungen

Mit diesem Abschnitt wird die Anwendung der bisher behandelten Vermessungsmethoden und der Berechnungen sowie der Einsatz der Vermessungsinstrumente und Geräte im Bauingenieurwesen erweitert.

Zu den Ingenieur-Vermessungen zählen vornehmlich:

- Absteckung von Geraden, Winkeln und Wegebreiten
- Berechnung und Absteckung von Kreisbogen und Übergangsbogen
- Erdmassenberechnung
- Vermessungen für die Planung von Verkehrswegen (Straßen, Eisenbahnen, Kanäle) und wasserwirtschaftlichen Anlagen (Stauseen, Be- und Entwässerungsanlagen) einschließlich der Bauwerke (Brücken, Schleusen, Hafenanlagen, Staudämme, Tunnel), von Industriebauten, Siedlungsbauten usw. Als Grundlage der Planung dienen die im Abschn. **8**.3 aufgeführten Kartenwerke sowie die Katasterkarten, die evtl. durch örtliche Tachymeteraufnahmen oder photogrammetrisch zu ergänzen sind. Vielfach empfiehlt es sich, vorhandene Karten auf einen einheitlichen Maßstab (1:1000) zu vergrößern und dann zu ergänzen. Für die Planung von Bauwerken werden meistens vollkommen neue Planunterlagen auf Grund von Geländeaufnahmen erstellt.
- Absteckungen von Verkehrswegen, Bauwerken, Industriebauten usw.
- Überwachung und Prüfung der Bauausführung nach Lage und Höhe während des Baues und nach dem Bau
- Peilungen, Setzungsbeobachtungen
- Vermessungen mit Laser-Instrumenten

6.1 Abstecken von Geraden, Winkeln und Wegebreiten

Gerade. Kurze Geraden werden mit bloßem Auge abgesteckt (Teil 1 Abschn. Lagemessungen). Lange Geraden und auch kurze Geraden großer Genauigkeit werden mit dem Theodolit durchgerichtet.

1. Zwischen A und B sollen Punkte der Geraden bestimmt werden (**6**.1).

Der justierte Theodolit wird über A zentrisch aufgestellt, genau horizontiert (Stehachse lotrecht) und Punkt B angezielt. Dann werden die Punkte P_1, P_2, P_3 der Reihe nach eingewiesen.

Bei größeren Höhenunterschieden werden die Punkte in beiden Fernrohrlagen bestimmt, um evtl. Restfehler des Instrumentes auszuschalten. Das Mittel aus beiden Fernrohrlagen ist der genaue Punkt.

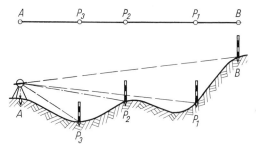

6.1 Abstecken einer Geraden zwischen zwei gegebenen Punkten A und B mit dem Theodolit

2. Die Gerade $\overline{AB}$ ist über A hinaus zu verlängern (**6**.2).

Der Theodolit wird in A aufgestellt und B in beiden Fernrohrlagen angezielt. Das Fernrohr wird jeweils durchgeschlagen, womit man die Punkte P_1 und P_2 erhält. Der Mittelpunkt P der Strecke $\overline{P_1 P_2}$ liegt in der Verlängerung der Geraden $\overline{BA}$.

6.2 Verlängern einer Geraden mit dem Theodolit

3. Ein Punkt ist zwischen A und B zu bestimmen (**6**.3). Die Punkte A und B sind unzugänglich oder gegeneinander nicht sichtbar.

Zunächst bestimmt man den Näherungspunkt P_1 (mit Doppel-Pentagon oder durch genähertes gegenseitiges Einweisen), der ungefähr in der Geraden $\overline{AB}$ liegt. In P_1 wird der Winkel AP_1B gemessen. Die Verschiebung e wird dann folgendermaßen gefunden:

$$\beta = AP_1B - 200 \text{ gon}$$

In ΔAP_1B:

$$2A = a \cdot b \cdot \sin\beta \approx (a + b)\,e \quad \text{(doppelte Fläche)}$$

$$e \approx \frac{a \cdot b}{a + b}\sin\beta$$

Da β sehr klein ist, wird

$$e \approx \frac{a \cdot b}{a + b} \cdot \frac{\beta \text{ gon}}{\text{rad gon}}$$

a und b sind aus Plänen oder Karten abzugreifen. Je kleiner β ist, um so weniger genau brauchen a und b zu sein. Wenn der Punkt P abgesteckt ist, wird der Winkel APB zur Probe gemessen. Weicht er von 200 gon ab, so wird die Verschiebung e erneut berechnet.

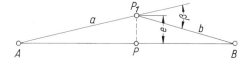

6.3 Abstecken eines Punktes einer Geraden durch Aufstellen des Theodolits zwischen A und B

Beispiel. In der Geraden $\overline{AB}$ soll Punkt P bestimmt werden. In P_1 wurde der Winkel $AP_1B = 200,767$ gon gemessen. Aus einem Plan sind $a = 204,0$ m und $b = 315,0$ m graphisch entnommen.

Dann errechnet sich $\beta = 200,767 - 200 = 0,767$ gon

$$e = \frac{a \cdot b}{a + b} \cdot \frac{\beta}{\text{rad}} = \frac{204,0 \cdot 315,0}{204,0 + 315,0} \cdot \frac{0,767}{63,662} = 1,49 \text{ m}$$

4. Die Strecken a und b sind unbekannt. Zur Bestimmung des Punktes P zwischen A und B werden die Näherungspunkte P_1 und P_2 beidseits der Geraden gewählt und die Winkel AP_1B und BP_2A sowie e gemessen (**6.4**).

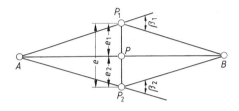

6.4 Abstecken eines Punktes einer Geraden durch zwei Näherungspunkte auf beiden Seiten der Geraden

Dann ist

$$\beta_1 = AP_1B - 200 \text{ gon}$$

$$\beta_2 = BP_2A - 200 \text{ gon}$$

$$e_1 = \frac{a \cdot b}{a + b} \cdot \frac{\beta_1}{\text{rad}} \qquad e_2 = \frac{a \cdot b}{a + b} \cdot \frac{\beta_2}{\text{rad}}$$

$$e = e_1 + e_2 = \frac{a \cdot b}{a + b} \cdot \frac{(\beta_1 + \beta_2)}{\text{rad}}$$

$$\frac{e_1}{e} = \frac{\beta_1}{\beta_1 + \beta_2}$$

$$e_1 = e \cdot \frac{\beta_1}{\beta_1 + \beta_2} \qquad e_2 = e \cdot \frac{\beta_2}{\beta_1 + \beta_2}$$

Probe: $e_1 + e_2 = e$

Nach der Absteckung von P wird zur Kontrolle der Winkel APB gemessen, der 200 gon betragen muß. Gegebenenfalls ist die Messung zu wiederholen.

Beispiel. Zur Bestimmung des Punktes P in der Geraden $\overline{AB}$ wurden in den Näherungspunkten P_1 und P_2 die Winkel gemessen (**6.4**), da ein Plan nicht zur Verfügung steht und somit a und b nicht bestimmt werden können.

Gemessen:

$$AP_1 B = 200{,}767 \text{ gon}$$

$$BP_2 A = 200{,}642 \text{ gon}$$

$$e = 2{,}740 \text{ m}$$

Daraus folgt:

$$\beta_1 = 200{,}767 - 200 = 0{,}767 \text{ gon}$$

$$\beta_2 = 200{,}642 - 200 = 0{,}642 \text{ gon}$$

$$e_1 = e \cdot \frac{\beta_1}{\beta_1 + \beta_2} = 2{,}740 \cdot \frac{0{,}767}{0{,}767 + 0{,}642} = 1{,}49 \text{ m}$$

$$e_2 = e \cdot \frac{\beta_2}{\beta_1 + \beta_2} = 2{,}740 \cdot \frac{0{,}642}{0{,}767 + 0{,}642} = 1{,}25 \text{ m}$$

Probe: $e_1 + e_2 = 1{,}49 + 1{,}25 = 2{,}74 = e$

Weiter wird in P der Winkel $APB = 200$ gon kontrolliert.

5. Die beiden Näherungspunkte P_1 und P_2 können auch auf derselben Seite der Geraden $\overline{AB}$ liegen (6.5). Es werden e und die Winkel $AP_1 B$ und $AP_2 B$ gemessen. Entsprechend der unter 4. aufgezeigten Rechnungen erhält man

$$e_1 = e \cdot \frac{\beta_1}{\beta_2 - \beta_1} \qquad e_2 = e \cdot \frac{\beta_2}{\beta_2 - \beta_1}$$

Probe: $e = e_2 - e_1$

Örtliche Kontrolle durch Messen des Winkels $APB = 200$ gon.

Beispiel. Der Punkt P in der Geraden $\overline{AB}$ soll örtlich abgesteckt werden. Die Entfernungen zwischen den Punkten sind nicht bekannt. Es werden zwei Näherungspunkte P_1 und P_2 auf derselben Seite der Strecke $\overline{AB}$ gewählt (6.5).

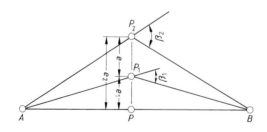

6.5   Abstecken eines Punktes einer Geraden durch zwei Näherungspunkte auf der gleichen Seite der Geraden

Gemessen werden die Winkel $AP_1 B = 200{,}767$ gon, $AP_2 B = 201{,}321$ gon und die Entfernung $e = 1{,}08$ m.

Mit diesen Werten ist

$$\beta_1 = 200{,}767 - 200 = 0{,}767 \text{ gon}$$

$$\beta_2 = 201{,}321 - 200 = 1{,}321 \text{ gon}$$

$$e_1 = e \cdot \frac{\beta_1}{\beta_2 - \beta_1} = 1{,}08 \cdot \frac{0{,}767}{1{,}321 - 0{,}767} = 1{,}495 \text{ m}$$

$$e_2 = e \cdot \frac{\beta_2}{\beta_2 - \beta_1} = 1{,}08 \cdot \frac{1{,}321}{1{,}321 - 0{,}767} = 2{,}575 \text{ m}$$

Probe: $e_2 - e_1 = 2{,}575 - 1{,}495 = 1{,}08 = e$

Die Geradlinigkeit der Strecke $\overline{APB}$ wird durch Messung des Winkels APB (Soll = 200 gon) kontrolliert.

6. Das Abstecken einer Geraden von einem Polygonzug aus ist im Abschn. 3.6.6 behandelt.

Winkel (6.6). Im Punkt A ist von der Geraden $\overline{AB}$ aus ein gegebener Winkel α abzustecken. Der Winkel wird zunächst in nur einer Fernrohrlage abgesetzt und damit Punkt C_1 gewonnen. Zu diesem Ziel in der zweiten Fernrohrlage gemessen ergibt als Mittel den fehlerhaften Wert α_1. Aus Bild **6.**6 ist abzulesen

$$\Delta\alpha = \alpha - \alpha_1$$

und $$\Delta e = s \frac{\Delta\alpha}{\text{rad}}$$

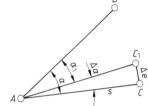

Um dieses Maß ist C_1 zu verschieben, womit der gesuchte Punkt C gefunden ist. $BAC = \alpha$ ist der geforderte Winkel. Die Entfernung s ist zu messen.

6.6   Abstecken eines gegebenen Winkels

Wegebreiten. Von einer Seite eines geraden Weges setzt man an mehreren Stellen die Wegebreite ab. Damit ist die andere Wegeseite gefunden. Da Wegeknicke durch Schnitte vielfach nur umständlich und ungenau zu ermitteln sind, werden zweckmäßig die Knickwinkel halbiert. Auf der Winkelhalbierenden wird dann die Strecke s abgesetzt (**6.**7). Der Winkel α wird mit dem Theodolit gemessen. In einfachen Fällen kann er linear bestimmt werden (s. auch Abschn. 6.2.1).

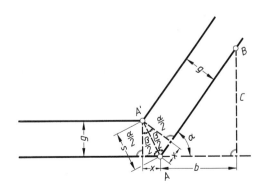

6.7   Abstecken von Wegebreiten

Man setzt in der Verlängerung einer Wegekante das runde Maß b ab, z. B. 10,00 m, errichtet in diesem Punkt das Lot und bildet den Schnitt B mit der Wegekante. Das Lot c wird gemessen. Es ist dann

$$\tan \alpha = \frac{c}{b}$$

Aus den rechtwinkligen Dreiecken mit der Hypotenuse s findet man

$$\tan \frac{\alpha}{2} = \frac{x}{g} \qquad x = g \cdot \tan \frac{\alpha}{2}$$

$$s = \frac{g}{\cos \alpha/2}$$

Eine weitere Möglichkeit ist, auf beiden Schenkeln des Knickwinkels das Maß a abzusetzen (**6**.8).

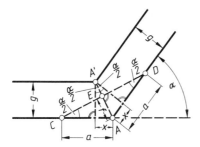

6.8   Abstecken von Wegebreiten

Durch Halbieren der Strecke $\overline{CD}$ wird Punkt E gefunden und f gemessen. Dann ist

$$\sin \frac{\alpha}{2} = \frac{f}{a}$$

und weiter wie vorher

$$x = g \cdot \tan \frac{\alpha}{2}$$

Der Punkt A' liegt in der Verlängerung von $\overline{AE}$.

6.2 Berechnung und Absteckung von Kreisbogen

Der Hauptbegriff eines Bogens ist seine Krümmung; sie wird definiert als der reziproke Wert des Halbmessers. Somit ist die Krümmung
einer Geraden

$$k = \frac{1}{\infty} = 0 \quad \text{(Krümmung Null)}$$

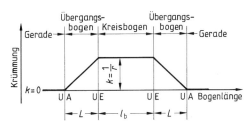

6.9 Krümmungsbild eines Kreisbogens
(Rechtsbogen) mit Übergangsbogen und
anschließenden Geraden

eines Kreisbogens

$$k = \frac{1}{r} \quad \text{(konstante Krümmung)}$$

eines Übergangsbogens

$$k = \frac{1}{\varrho} = \frac{L}{C} \quad \text{(Krümmung wächst proportional der Bogenlänge)}$$

Gerade, Kreis- und Übergangsbogen sind die Trassierungselemente für den Straßen-,
Eisenbahn- und Wasserstraßenbau. In Plänen wird die Krümmung im Krümmungsbild
dargestellt. Rechtsbogen werden nach oben, Linksbogen nach unten aufgetragen (**6.9**).

6.2.1 Bestimmen des Tangentenschnittwinkels

Soll zwischen zwei Tangenten ein Kreisbogen eingelegt werden, so wird in der Regel der
Tangentenschnittwinkel bestimmt. Dabei ist der Außenwinkel α wichtig, weil dieser in
viele Berechnungen eingeht. Der Tangentenschnittwinkel wird entweder mit einem Theodolit gemessen oder in einfachen Fällen linear nach einer der folgenden Methoden
bestimmt.

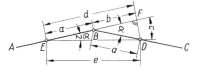

6.10 Bestimmen des Außenwinkels α am
Tangentenschnittpunkt

1. Nach Bild **6.10** wird auf einer Tangente ein beliebiges Maß a abgesetzt und der Punkt
D rechtwinklig auf die Verlängerung der anderen Tangente aufgenommen. b und c
werden gemessen. Der Fußpunkt wird nach

$$b = \sqrt{a^2 - c^2} = \sqrt{(a + c)(a - c)}$$

geprüft und evtl. berichtigt. Denkt man sich a auch auf der zweiten Tangente abgesetzt,
so erhält man das gleichschenklige Dreieck EBD.
Aus Dreieck EFD folgt dann

$$\tan \frac{\alpha}{2} = \frac{c}{a + b} = \frac{c}{d} \qquad \sin \frac{\alpha}{2} = \frac{c}{e} \qquad \cos \frac{\alpha}{2} = \frac{d}{e} \qquad \frac{1}{\cos \dfrac{\alpha}{2}} - 1 = \frac{e}{d} - 1 = \frac{e - d}{d}$$

Diese Funktionen werden für die Kreisbogenberechnung benötigt.

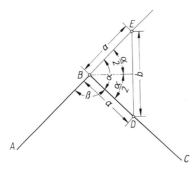

6.11   Bestimmen des Außenwinkels α am
        Tangentenschnittpunkt

2. Auf einer Tangente und auf einer Verlängerung der zweiten Tangente werden gleiche
Maße a abgesetzt und b gemessen (**6.**11). Dann ist

$$\sin \frac{\alpha}{2} = \frac{b}{2a}$$

Für $a = 20$ m (Meßbandlänge) wird $\sin \alpha/2 = b/40$. Bei kleinem Winkel ($\alpha \leq 7$ gon) kann
$\sin \alpha/2 \approx \tan \alpha/2$ gesetzt werden.

$$\sin \frac{\alpha}{2} \approx \tan \frac{\alpha}{2} \approx \frac{b}{40}$$

Bei $\alpha > 7$ gon ist erst $\alpha/2$ und dann die Tangensfunktion dieses Winkels zu bestimmen.

6.2.2 Elemente zur Absteckung eines Kreisbogens (Bogenhauptpunkte)

Die Hauptelemente zur Absteckung eines Kreisbogens sind Tangenten und Hilfstan-
genten, Scheitelabstand, Koordinaten des Scheitelpunktes, Sehne, Bogenlänge.
Als Bogenhauptpunkte bezeichnet man Bogenanfang A, Bogenende E, Bogenmitte
C, und wenn erforderlich, die Halbierungspunkte J und K.

Gegeben sei der Tangentenschnittwinkel α und der
Halbmesser r; dann ist Bild **6.**12 zu entnehmen:

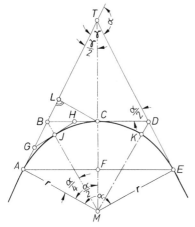

6.12   Abstecken von Bogenhauptpunkten bei
        zugänglichem Tangentenschnittpunkt

Tangente

$$\overline{AT} = \overline{TE} = r \cdot \tan \frac{\alpha}{2}$$

1. Hilfstangente

$$\overline{AB} = \overline{BC} = \overline{CD} = \overline{DE} = r \cdot \tan \frac{\alpha}{4}$$

2. Hilfstangente

$$\overline{AG} = \overline{GJ} = \overline{JH} = \overline{HC} = r \cdot \tan \frac{\alpha}{8}$$

Scheitelabstand

$$\overline{TC} = \overline{TM} - r = \frac{r}{\cos \alpha/2} - r = r \left(\frac{1}{\cos \alpha/2} - 1 \right)$$

oder aus Dreieck TDC:

$$\overline{TC} = \overline{CD} \cdot \tan \frac{\alpha}{2} = r \cdot \tan \frac{\alpha}{2} \cdot \tan \frac{\alpha}{4}$$

$$\overline{BJ} = \overline{DK} = \overline{GJ} \cdot \tan \frac{\alpha}{4} = r \cdot \tan \frac{\alpha}{4} \cdot \tan \frac{\alpha}{8}$$

Aus Dreieck AFM erhält man die Koordinaten des Scheitelpunktes, die Sehne und die Pfeilhöhe

$$\overline{AL} = \overline{AF} = r \cdot \sin \frac{\alpha}{2}$$

$$\overline{LC} = \overline{CF} = r - \overline{MF} = r - r \cdot \cos \frac{\alpha}{2} = r \left(1 - \cos \frac{\alpha}{2} \right) = 2r \cdot \sin^2 \frac{\alpha}{4}$$

sowie die Bogenlänge

$$\overparen{AE} = \frac{\pi r \cdot \alpha \, \text{gon}}{200} = r \cdot \alpha \, \text{gon} \cdot \frac{1}{\text{rad gon}} = 0{,}015708 \, r \cdot \alpha \, \text{gon}$$

Wenn nicht der Halbmesser r, sondern die Tangentenlänge $\overline{AT}$ gegeben ist, so lautet die erste Gleichung

$$r = \frac{\overline{AT}}{\tan \dfrac{\alpha}{2}}$$

Die weiteren Gleichungen ändern sich nicht. Beim Absetzen der Tangenten $\overline{AT}$ und $\overline{ET}$ von T aus werden B und D gleich mitbestimmt und zur Kontrolle auf $\overline{BD}$ zweimal die Hilfstangente $\overline{AB}$ gemessen, womit gleichzeitig der Scheitel C gefunden wird. Bei langen Bögen empfiehlt es sich, den Winkel $\alpha/2$ in B und D zu überprüfen.

6.2.2.1 Unzugänglicher Tangentenschnitt

Der Tangentenschnittpunkt T ist nicht herzustellen und somit der Tangentenschnittwinkel α nicht meßbar (**6.**13). Es werden die Punkte P und Q bestimmt und die Hilfslinie s sowie die Winkel μ und v gemessen.

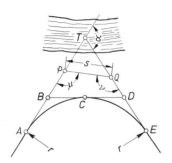

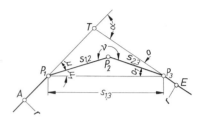

6.13   Abstecken von Bogenhaupt-
       punkten bei unzugänglichem
       Tangentenschnittpunkt

6.14   Abstecken der Bogenhaupt-
       punkte durch Einschalten eines Polygon-
       zuges $P_1 P_2 P_3$

Es sind

$$\alpha = 400 \text{ gon} - (\mu + v)$$

und nach dem Sinussatz

$$\overline{PT} = s \, \frac{\sin v}{\sin \alpha} \quad \text{und} \quad \overline{QT} = s \, \frac{\sin \mu}{\sin \alpha}$$

Wenn $\overline{PA} = \overline{AT} - \overline{PT}$ positiv ist, liegt A auf der Verlängerung von $\overline{TP}$; wird $\overline{PA}$ negativ, so liegt A zwischen P und T. Für $\overline{QE}$ gilt dies entsprechend.

Die Tangenten können auch durch ein Polygon verbunden werden (**6.**14), wenn z. B. die Hilfslinie s nicht meßbar ist. Es werden dann die Strecken $s_{1,2}$ und $s_{2,3}$ und die Brechungswinkel in P_1, P_2 und P_3 gemessen.

Es ist $\alpha = \mu + v + o - 200 \text{ gon}$ und aus Dreieck $P_1 P_2 P_3$

$$\frac{\mu_1 + o_1}{2} = \frac{v - 200 \text{ gon}}{2}$$

Nach dem Tangenssatz wird

$$\tan \frac{\mu_1 - o_1}{2} = \frac{s_{2,3} - s_{1,2}}{s_{2,3} + s_{1,2}} \tan \frac{\mu_1 + o_1}{2} = \frac{s_{2,3} - s_{1,2}}{s_{2,3} + s_{1,2}} \tan \frac{v - 200 \text{ gon}}{2}$$

$$\mu_1 = \frac{\mu_1 + o_1}{2} + \frac{\mu_1 - o_1}{2}$$

$$o_1 = \frac{\mu_1 + o_1}{2} - \frac{\mu_1 - o_1}{2}$$

und nach dem Sinussatz

$$s_{1,3} = s_{1,2} \cdot \frac{\sin v}{\sin o_1} = s_{2,3} \cdot \frac{\sin v}{\sin \mu_1}$$

Die Aufgabe ist damit auf die vorhergehende (6.13) zurückgeführt.

Das Polygon kann auch aus mehreren Punkten bestehen. Es werden dann zweckmäßig die Koordinaten der Polygonpunkte auf eine Tangente gerechnet. Das Polygon sollte möglichst in der Nähe des geforderten Bogens liegen, um den Bogen vom Polygon aus abstecken zu können.

6.2.3 Abstecken von Bogenzwischenpunkten

Bogenzwischenpunkte geben den Verlauf des Bogens zwischen den Hauptpunkten an. Je nach Geländebeschaffenheit und verlangter Genauigkeit gibt es verschiedene Verfahren.

1. Rechtwinklige Koordinaten von der Tangente aus mit gleichen Abszissenunterschieden (6.15)
Die Tangente wird Abszissenachse und der Bogenanfang Koordinaten-Nullpunkt. Für die Abszissen werden runde Werte (10, 20 ... m) gewählt.

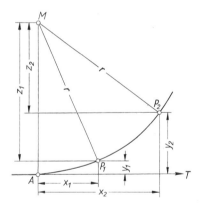

6.15   Abstecken von Bogenpunkten durch rechtwinklige
       Koordinaten von der Tangente aus mit gleichen
       Abszissenunterschieden

Es ist allgemein

$$y = r - z \quad \text{und} \quad z = \sqrt{r^2 - x^2}$$

$$y = r - \sqrt{r^2 - x^2}$$

Wenn man diese Gleichung quadriert, kommt man zu brauchbaren Näherungsgleichungen.

$$y^2 - 2r \cdot y + r^2 = r^2 - x^2$$

$$y = \frac{x^2}{2r} + \frac{y^2}{2r} \quad \left(\text{anzuwenden bis } x = \frac{r}{5} \right)$$

Das zweite Glied wird vernachlässigt:

$$y \approx \frac{x^2}{2r} \quad \left(\text{anzuwenden bis } x = \frac{r}{10} \right)$$

Wenn an einen durch Koordinaten (x, y) bestimmten Bogenpunkt die Tangente gelegt werden soll, wird vom Bogenanfang A aus die Tangentenlänge abgesetzt und Punkt B bestimmt (**6.16**). Die Tangente ist durch die Koordinaten x und y des Bogenpunktes auszudrücken.

$$\tan \varphi = \frac{y}{x} \qquad \tan \varphi = \frac{l_t}{r} \qquad \frac{y}{x} = \frac{l_t}{r} \qquad l_t = \frac{y}{x} r$$

oder aus Dreieck BLP

$$l_t^2 = y^2 + (x - l_t)^2 \qquad l_t^2 = y^2 + x^2 - 2x \cdot l_t + l_t^2 \qquad l_t = \frac{y^2 + x^2}{2x} \qquad l_t = \frac{x}{2} + \frac{y^2}{2x}$$

BP ist die gesuchte Tangente.

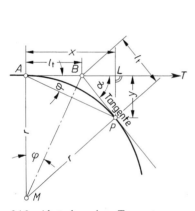

6.16 Abstecken einer Tangente
an den Kreisbogen

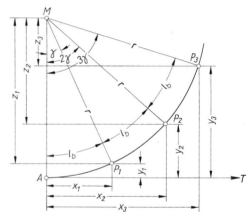

6.17 Abstecken von Bogenpunkten durch rechtwinklige Koordinaten von der Tangente
aus mit gleichen Bogenabständen

2. Rechtwinklige Koordinaten von der Tangente aus mit gleichen Bogenlängen (**6.17**)
Bogenabsteckungen werden durch Pfeilhöhenmessungen geprüft. Zweckmäßig geschieht dies über gleichen Sehnen. Deshalb kommt der Bogenabsteckung mit gleichen Bogenlängen besondere Bedeutung zu.
Zu der gewählten Bogenlänge l_b (10, 20 ... m) wird der zugehörige Mittelpunktswinkel ausgedrückt:

$$\gamma \, \text{gon} = \frac{l_b}{r} \cdot \frac{200}{\pi} = \frac{l_b}{r} \, \text{rad gon} = 63{,}6620 \cdot \frac{l_b}{r}$$

Die Koordinaten der abzusteckenden Punkte sind

$$x_1 = r \cdot \sin \gamma \qquad\qquad y_1 = r - z_1 = r - r \cdot \cos \gamma = r(1 - \cos \gamma)$$
$$x_2 = r \cdot \sin 2\gamma \qquad\qquad y_2 = r(1 - \cos 2\gamma)$$
$$x_n = r \cdot \sin(n \cdot \gamma) \qquad\quad y_n = r(1 - \cos(n \cdot \gamma))$$

Rechenprobe:

$$x_n = 2r \cdot \sin \frac{n \cdot \gamma}{2} \cdot \cos \frac{n \cdot \gamma}{2} \qquad y_n = 2r \cdot \sin^2 \frac{n \cdot \gamma}{2}$$

3. Einschalten von Zwischenpunkten von einer Sehne aus (6.18)

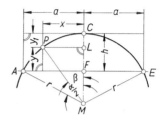

6.18   Abstecken von Bogenpunkten von der Sehne aus

Von der zwei gegebene Kreisbogenpunkte verbindenden Sehne sind weitere Bogenpunkte einzuschalten. Punkt F wird Koordinatennullpunkt, die x-Werte rechnen von hier aus nach rechts und links. Die halbe Sehne wird mit a bezeichnet. Bei gewähltem x ist

$$y = LM - FM = \sqrt{r^2 - x^2} - \sqrt{r^2 - a^2}$$

oder $\qquad y = h - y_1 = r\left(1 - \cos \frac{\alpha}{2}\right) - r(1 - \cos \beta) = r\left(\cos \beta - \cos \frac{\alpha}{2}\right)$

$$x = r \cdot \sin \beta$$

Bei flachen Bogen können h und y_1 näherungsweise berechnet werden. Die Tangente in C verläuft parallel zur Sehne $\overline{AE}$. Die Ordinate für A ist gleich der Pfeilhöhe h.

$$h \approx \frac{a^2}{2r} \qquad y_1 \approx \frac{x^2}{2r}$$

$$y = h - y_1 \approx \frac{a^2 - x^2}{2r} \approx \frac{(a + x)(a - x)}{2r}$$

Nach dieser Formel können Zwischenpunkte des Bogens bei der Stationierung einfach gefunden werden.

4. Sehnen-Tangenten-Methode (6.19)

Auf Dämmen, in Einschnitten oder in bebautem Gelände können die genannten Absteckmethoden von der Tangente oder Sehne unbequem sein. Hier wendet man zweckmäßig die Sehnen-Tangenten-Methode an. Sie beruht auf folgenden Sätzen: Zu gleichen Bogen (Sehnen) gehören gleiche Mittelpunktswinkel, und der Sehnentangentenwinkel ist gleich dem halben Mittelpunktswinkel über demselben Bogen.

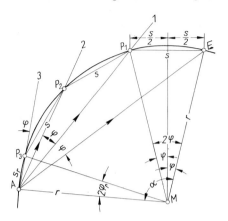

6.19   Abstecken von Bogenpunkten nach der
       Sehnen-Tangenten-Methode

Vom Punkt A wird Punkt E angezielt und der Winkel φ abgesetzt. Dieser Strahl wird mit der Sehne s, die von E aus gemessen wird, zum Schnitt gebracht. Damit ist P_1 gefunden. Nun wird erneut φ mit dem Theodolit abgesetzt und der Strahl wieder mit der Sehne s, die von P_1 aus gemessen wird, zum Schnitt gebracht. Zum Standpunkt A hin wird im allgemeinen ein Restbogen übrigbleiben. Es wird grundsätzlich auf den Theodolitstandpunkt zu gearbeitet.

Bei gegebenem Bogenmaß wird

$$\varphi \text{ gon} = \frac{l_b}{2r} \cdot \text{rad gon} = 63{,}6620 \frac{l_b}{2r}$$

$$s = 2r \cdot \sin \varphi$$

Als Messungsprobe wird die Restsehne s_r berechnet und mit dem gemessenen Wert verglichen. Bei n Bogenpunkten entspricht der Restsehne ein Mittelpunktswinkel

$$2\varphi_r = \alpha - 2n \cdot \varphi$$

mit der zugehörigen Restsehne

$$s_r = 2r \cdot \sin \varphi_r$$

Beispiel.   Gegeben: $r = 300{,}0$ m $\alpha = 37{,}963$ gon
           Gewählt: $s = 20{,}0$ m
           Gesucht: Die Restsehne s_r

$$\sin \varphi = \frac{s}{2r} = \frac{20{,}0}{600} = 0{,}03333 \qquad \varphi = 2{,}1225 \text{ gon}$$

Somit können bei $\alpha = 37{,}963$ gon acht Bogenpunkte abgesteckt werden. Der zur Restsehne gehörige Mittelpunktswinkel ist dann

$$2\varphi_r = 37{,}963 \text{ gon} - 2 \cdot 8 \cdot 2{,}1225 \text{ gon} = 4{,}0030 \text{ gon} \qquad \varphi_r = 2{,}0015 \text{ gon}$$

und $s_r = 2 \cdot 300 \cdot \sin 2{,}0015 \text{ gon} = 18{,}86$ m

Das Verfahren liefert schnell und scharf die Bogenpunkte. Bei langen Bogen kann eine zweite Aufstellung des Theodolits in einem weiteren Hauptpunkt, z. B. im Scheitelpunkt, erforderlich werden.

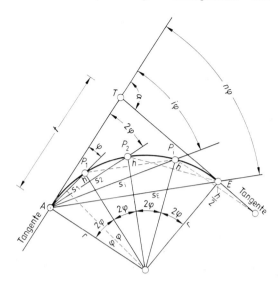

6.20 Abstecken nach der Polarmethode

5. Polarmethode (**6**.20)

Die Absteckung mit Sehnentangentenwinkel und Sehnen nach der Polarmethode ist mit einem elektronischen Tachymeter mit Standpunkt im Bogenanfang vorteilhaft.

Zweckmäßig wird der Bogen in n-gleiche Teile geteilt. Bei gegebenem Tangentenschnittwinkel α ist dann

$$\varphi = \frac{\alpha}{2n} \quad \text{und} \quad s = 2r \cdot \sin \varphi$$

Die Absteckdaten sind für

Punkt P_1	φ	und	$s_1 = 2r \cdot \sin \varphi$
P_i	$i \cdot \varphi$		$s_i = 2r \cdot \sin i\varphi$
$E = P_n$	$n \cdot \varphi = \dfrac{\alpha}{2}$		$s_E = 2r \cdot \sin n\varphi$

Die Prüfung der Absteckung kann durch die Pfeilhöhenmessung über der Sehne mit doppelter Bogenteilung erfolgen

$$h = 2r \cdot \sin^2 \varphi$$

Beispiel. Ein Kreisbogen mit $r = 400$ m soll abgesteckt werden. Im Schnittpunkt T der örtlich gegebenen Tangentenrichtungen wurde der Tangentenschnittwinkel $\alpha = 11{,}734$ gon gemessen (**6**.20).

Die Tangenten errechnen sich nach

$$t = r \cdot \tan \frac{\alpha}{2} = 400 \cdot 0{,}09242 = 36{,}968 \text{ m}$$

Die Tangenten werden von T aus abgesetzt; damit sind Bogenanfang A und Bogenende E örtlich festgelegt. Zur Absteckung soll der Bogen in vier gleiche Teile geteilt werden. Es ergibt sich

$$\varphi = \frac{\alpha}{2n} = \frac{11,734}{2 \cdot 4} = 1,4668 \text{ gon}$$

Im Punkt A wird das elektronische Tachymeter aufgestellt, der Teilkreis auf Null gestellt und Punkt T angezielt. Sodann werden folgende Werte abgesetzt:

Für P_1 $\varphi = 1,4668$ gon $s_1 = 2r \cdot \sin \varphi \;\; = 2 \cdot 400 \cdot 0,02304 = 18,43$ m

    P_2 $2\varphi = 2,9336$ gon $s_2 = 2r \cdot \sin 2\varphi = 36,85$ m

    P_3 $3\varphi = 4,4004$ gon $s_3 = 2r \cdot \sin 3\varphi = 55,25$ m

$E = P_4$ $4\varphi = 5,8672$ gon $s_4 = 2r \cdot \sin 4\varphi = 73,62$ m

Die Prüfung der Bogenabsteckung erfolgt durch Messen der Pfeilhöhen über der Sehne $2s_1 \approx s_2$. Die Pfeilhöhe ist jeweils

$$h = 2r \cdot \sin^2 \varphi = 2 \cdot 400 \cdot 0,00053 = 0,424 \text{ m}.$$

Für die Pfeilhöhen im Bogenanfang und Bogenende werden von diesen Punkten aus auf der Tangente jeweils s_1 abgesetzt. Dann ist die Pfeilhöhe in A und E

$$h_A = h_E = \frac{h}{2} = 0,212 \text{ m}.$$

6. Abstecken von einem bogennahen Polygon aus nach der Polarmethode

Ein Polygonzug ist örtlich gemessen (6.21) und die Koordinaten der Polygonpunkte wurden berechnet. Ebenso sind die Koordinaten der Zwischenpunkte eines Bogens bekannt. Damit sind $t_{2,3}$ und $t_{2,i}$ gegeben.

$$t_{2,3} = \arctan \frac{y_3 - y_2}{x_3 - x_2} \qquad t_{2,i} = \arctan \frac{y_i - y_2}{x_i - x_2}$$

Die polaren Absteckelemente sind

$$\varphi_{2,i} = t_{2,i} - t_{2,3} \qquad s_{2,i} = \sqrt{\Delta y_{2,i}^2 + \Delta x_{2,i}^2}$$

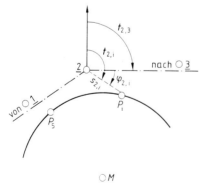

6.21 Bogennaher Polygonzug

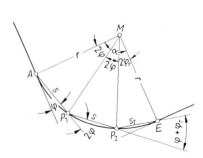

6.22 Abstecken eines Sehnenvielecks

7. Abstecken eines Sehnenvielecks (6.22)

Im Tunnel, Wald usw. kann die Absteckung eines Sehnenvielecks vorteilhaft sein. Wegen der ungünstigen Fehlerfortpflanzung ist peinlich genau zu arbeiten. Die Sehne s oder die Mittelpunktswinkel φ werden rund gewählt. Nach den bekannten Formeln ist

$$s = 2r \cdot \sin \varphi \qquad \sin \varphi = \frac{s}{2r}$$

Die in den Punkten A, P_1, P_2 abzusetzenden Winkel und Strecken sind aus Bild **6**.22 ersichtlich.

8. Abstecken von Bogen mit kleinem Halbmesser ohne Theodolit (6.23)

Beim Straßenbau sind vielfach Bogen mit kleinem Halbmesser abzustecken. In den meisten Fällen sind die beiden Tangentenrichtungen gegeben, die durch einen Kreisbogen zu verbinden sind. Es wird der Kreismittelpunkt M örtlich bestimmt, indem die Parallelen zu den Tangentenrichtungen im Abstand r zum Schnitt gebracht werden. M wird auf die Tangentenrichtungen mit dem Winkelprisma rechtwinklig aufgenommen, womit Bogenanfang A und Bogenende E gefunden sind. $\overline{TA}$ muß gleich $\overline{TE}$ sein. Von M aus können mit dem Maß r beliebig viele Kreispunkte abgesetzt werden.

Es können auch die beiden Tangentenrichtungen und Bogenanfang A (oder Bogenende E) gegeben sein. Dann ist der Halbmesser r zu bestimmen. Hierzu wird auf der zweiten Tangentenrichtung die Tangente $\overline{AT}$ abgesetzt und damit E gefunden. Der Schnitt der beiden Senkrechten in A und E ergibt den Mittelpunkt M, von dem aus mit dem Bogenschlag mit r weitere Bogenpunkte abgesteckt werden.

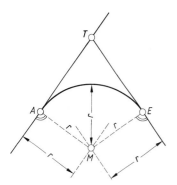

6.23   Abstecken von Bogenpunkten
       ohne Theodolit

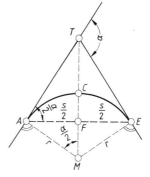

6.24   Bogenabsteckung bei unbe-
       kanntem Halbmesser

Ist der Mittelpunkt nicht zugänglich, wird die Sehne $s = \overline{AE}$ gemessen und r rechnerisch bestimmt.

Nach Bild **6**.24 ist

$$r = \frac{\overline{AT}}{\tan \dfrac{\alpha}{2}} \qquad \tan \frac{\alpha}{2} = \frac{\overline{FT}}{\dfrac{s}{2}} \qquad \overline{FT} = \sqrt{(\overline{AT})^2 - \left(\frac{s}{2}\right)^2}$$

$$r = \frac{\overline{AT} \cdot \frac{s}{2}}{\sqrt{(\overline{AT})^2 - \left(\frac{s}{2}\right)^2}}$$

Weitere Bogenzwischenpunkte können von der Sehne aus nach Nr. 3 dieses Abschnittes eingeschaltet werden.

6.2.3.1 Näherungsverfahren

Mit den behandelten Absteckverfahren wurden Bogenzwischenpunkte scharf bestimmt. Bei einfachen Wegebauten und kulturtechnischen Arbeiten genügen oft genäherte Absteckungen.

1. Viertelsmethode (6.25)
Sie ist nur für flache Kreisbögen anzuwenden, da sonst erhebliche Abweichungen von der Kreisform auftreten. Je kleiner der Mittelpunktswinkel des zu unterteilenden Bogens ist, um so genauer wird das Ergebnis sein.

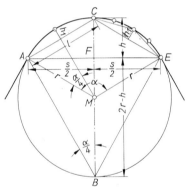

Aus Dreieck ACB findet man

$$l^2 = 2r \cdot h \quad \text{und} \quad h = \frac{l^2}{2r}$$

oder $\quad \dfrac{s^2}{4} = h(2r - h)$

und daraus

$$r = \frac{s^2}{8h} + \frac{h}{2}$$

Bei einem flachen Bogen kann $h/2$ gegenüber r vernachlässigt werden

$$r \approx \frac{s^2}{8h} \quad \text{und daraus} \quad h \approx \frac{s^2}{8r}$$

6.25   Abstecken von Bogenpunkten nach der Viertelsmethode

Weiter ist

$$h_1 = r - r \cdot \cos\frac{\alpha}{4} = r - r\sqrt{1 - \sin^2\frac{\alpha}{4}}$$

Mit $\quad \sin\dfrac{\alpha}{4} = \dfrac{l}{2r} \quad$ wird $\quad h_1 = r - r\sqrt{1 - \left(\dfrac{l}{2r}\right)^2}$

Mit Reihenentwicklung des Wurzelwertes ergibt dies

$$h_1 = \frac{l^2}{8r} + \frac{l^4}{128r^3} = \frac{l^2}{8r}\left(1 + \frac{l^2}{16r^2}\right) = \frac{h}{4}\left(1 + \frac{l^2}{16r^2}\right)$$

Für *l* und *r* werden die ermittelten Werte eingesetzt

$$h_1 = \frac{h}{4}\left[1 + \left(\frac{h}{s}\right)^2\right]$$

Bei flachen Bogen kann die eckige Klammer vernachlässigt werden; dies führt zu dem Näherungswert

$$h_1 \approx \frac{h}{4}$$

Diese Beziehung der Pfeilhöhen zueinander hat der Viertelsmethode den Namen gegeben. Sind z.B. die drei Bogenpunkte *A*, *C*, *E* gegeben, so lassen sich durch Viertelung von *h*, dann wieder von h_1 usw. weitere Zwischenpunkte finden. Die genaue Pfeilhöhe ist stets größer als die nach der Viertelsmethode errechnete.

2. Einrückmethode (**6.26**)
Unter Einrücken versteht man die Absteckung eines Sehnenvielecks ohne Theodolit. Es bietet den Vorteil, daß man z.B. in Wäldern, Kornfeldern usw. nur den Weg des abzusteckenden Bogens zu bahnen hat. Es soll hier nur das Einrücken nach dem Sekantenverfahren behandelt werden.
Von der verlängerten Sehne *s* aus ist das Maß *y* jeweils einzurücken. *A*, P_1, P_2 ... P_n sind Punkte gleichen Abstandes. Der zugehörige Mittelpunktswinkel errechnet sich aus $\sin \varphi = s/2r$; die Koordinaten von P_1 in bezug auf die Tangente in *A* sind

$$x_0 = s \cdot \cos \varphi \qquad y_0 = s \cdot \sin \varphi$$

und für die Punkte P_2, P_3 ... P_n in bezug auf die verlängerten Sehnen $\overline{AP_1}$, $\overline{P_1 P_2}$ usw.

$$x = s \cdot \cos 2\varphi \qquad y = s \cdot \sin 2\varphi$$

Auf der rückwärtigen Verlängerung der Sehnen können vom vorhergehenden Punkt zur Kontrolle nochmals die Ordinaten *y* abgesetzt werden (gestrichelte Linien). Da für kleine Winkel φ hinreichend genau $x_0 \approx x \approx s$ gesetzt werden kann, erhält man für die Ordinate in P_1 die einfache Gleichung

$$y_0 = \frac{s^2}{2r}$$

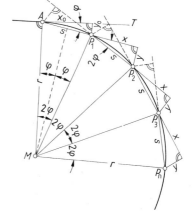

6.26 Abstecken von Bogenpunkten
nach dem Sekantenverfahren

und für die Ordinaten in P_2, $P_3 \ldots P_n$ mit hinreichender Genauigkeit

$$y \approx 2 y_0 \approx \frac{s^2}{r}$$

Bei dem Sekantenverfahren wirkt sich die Fehlerfortpflanzung ungünstig aus.

6.2.4 Abstecken eines Kreisbogens mit Zwangspunkten

Vielfach soll der Kreisbogen durch einen oder mehrere gegebene Punkte (z. B. Punkt im bestimmten Abstand von einem Gebäude) gehen, die meistens örtlich vorgegeben sind. Verschiedene Möglichkeiten sind zu unterscheiden

1. Gegeben: eine Tangentenrichtung, Halbmesser r und Punkt P. Gesucht: Bogenanfang A (**6.27**)

y_P wird örtlich bestimmt. Dann ist

$$y_P = r - \sqrt{r^2 - x_P^2} \qquad x_P = \sqrt{2 r \cdot y_P - y_P^2}$$

Damit ist Bogenanfang A festgelegt. Die Tangenten sind

$$t_P = \frac{x_P}{2} + \frac{y_P^2}{2 x_P} \qquad \text{und} \qquad \tan \varphi = \frac{t_P}{r}$$

2. Gegeben: eine Tangentenrichtung, Bogenanfang A und ein Punkt P. Gesucht: Halbmesser r (**6.28**).

Punkt P wird auf die Tangente rechtwinklig aufgenommen, und y_P und x_P werden gemessen

$$r^2 = x_P^2 + (r - y_P)^2 \qquad r = \frac{x_P^2}{2 y_P} + \frac{y_P}{2}$$

3. Gegeben: eine Tangentenrichtung und 2 Punkte P_1 und P_2. Gesucht: Bogenanfang A (**6.29**).

Örtlich wird der Schnitt N der Geraden $\overline{P_1 P_2}$ mit der Tangente gebildet. $\overline{N P_1}$ und $\overline{N P_2}$ werden gemessen. Nach dem Tangenten-Sehnensatz ist

$$\overline{AN} = \sqrt{\overline{N P_1} \cdot \overline{N P_2}}$$

Der Bogenanfang liegt somit fest.

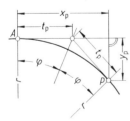
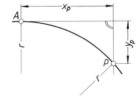
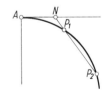

6.27 Kreisbogen durch Zwangspunkt P

6.28 Kreisbogen durch Zwangspunkt P

6.29 Kreisbogen durch zwei Zwangspunkte P_1 und P_2

4. Gegeben: 3 Punkte P_1, P_2, P_3. Gesucht: Halbmesser r (6.30)
Zweckmäßig werden gemessen: $s_{1,2}, s_{2,3}, s_{1,3}, \gamma_2$

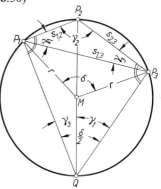

$$\frac{\delta}{2} + \gamma_2 = 200\,\text{gon (Sehnenviereck)} \qquad \delta = 400\,\text{gon} - 2\gamma_2$$

Aus $\Delta P_1 P_2 Q$:

$$\sin \gamma_3 = \frac{s_{1,2}}{2r}$$

$$2r = \frac{s_{1,2}}{\sin \gamma_3}$$

und aus $\Delta P_1 P_2 P_3$ folgt dann (nach dem Sinussatz)

$$\frac{s_{2,3}}{\sin \gamma_1} = \frac{s_{1,3}}{\sin \gamma_2} = \frac{s_{1,2}}{\sin \gamma_3} = 2r$$

6.30   Kreisbogen durch drei
        Zwangspunkte P_1, P_2, P_3

6.2.5 Abstecken von Querprofilen im Kreisbogen (6.31 und 6.32)

Querprofile in Kreisbogen sind radial abzustecken. Da der Mittelpunkt selten gegeben oder bekannt sein wird, bestimmt man örtlich die Tangente an den Kreis in dem Profilpunkt B (6.31). Von den Nachbarbogenpunkten A und C werden die Ordinaten $y_A = x_A^2/2r$ und $y_C = x_C^2/2r$ abgesetzt. Zu dieser Tangente liegt das Profil im Punkt B rechtwinklig. Den Fußpunkt des Lotes findet man mit dem Pentagon, indem man unter Festhalten des y-Maßes um A bzw. C einen Kreisbogen schlägt, bis sich der rechte Winkel im Pentagon einstellt.

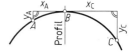

6.31   Abstecken von Querprofilen im Kreisbogen

Bei gleichabständiger Bogenteilung errichtet man in B auf beiden Sehnen $\overline{BA}$ und $\overline{BC}$ mit dem Pentagon Lote (6.32). Das Mittel zwischen P_1 und P_2 ist die Richtung des Querprofils im Punkt B.

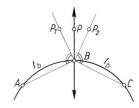

6.32   Abstecken von Querprofilen bei
        gleichabständigen Bogenpunkten

6.2.6 Prüfen der Kreisbogenabsteckung

Sie erfolgt durch Pfeilhöhenmessung. Hierbei ist zu unterscheiden, ob der Bogen gleichmäßig oder ungleichmäßig geteilt ist.

Kreisabschnitt   Bogenteilung

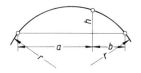

ungleich ($a \neq b$)   gleich ($a = b$)

$$h = \frac{a \cdot b}{2r} \qquad\qquad h = \frac{a^2}{2r}$$

im Punkt *BA*

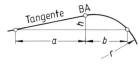

$$h = \frac{a \cdot b^2}{2r(a+b)} \qquad\qquad h = \frac{a^2}{4r}$$

Bogenwechsel

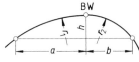

$$h = \frac{a \cdot b}{2(a+b)}\left(\frac{a}{r_1}+\frac{b}{r_2}\right) \qquad h = \frac{a^2}{4}\left(\frac{1}{r_1}+\frac{1}{r_2}\right)$$

Gegenbogen

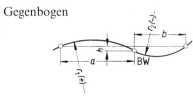

In vorstehende Gleichung Halbmesser des Rechtsbogens positiv, des Linksbogens negativ einsetzen.

6.3 Korbbogen

In den vorhergehenden Abschnitten wurden die Tangentenrichtungen durch einen Kreisbogen verbunden. Bei gegebenen Zwangspunkten (verschiedene Tangentenlängen, Soll-Abstände von Gebäuden usw.) wird dies nicht möglich sein. Die Verbindung zwischen den Tangentenrichtungen wird hier aus zwei oder drei Bogen mit verschiedenen Halbmessern hergestellt, die jeweils einen Berührungspunkt und eine Tangente gemeinsam haben. Einen solchen Bogen nennt man Korbbogen.

6.3.1 Zweiteiliger Korbbogen

Dieser ist durch den Tangentenschnittwinkel α, die Tangenten t_A und t_E sowie die Halbmesser r_1 und r_2 festgelegt (**6.**33). In der Regel sind der Tangentenschnittwinkel und weitere drei Werte gegeben, z. B. die beiden Tangentenlängen und ein Halbmesser oder eine Tangentenlänge und die beiden Halbmesser. Der fehlende Wert ist zu berechnen.

Zunächst sollen die Tangenten t_A und t_E sowie der Halbmesser r_2 bekannt sein und r_1 berechnet werden. Dazu wird der Mittelpunkt M_2 auf t_A koordiniert (y_2, x_2).

Über die Hilfsdreiecke, die durch die Lote $\overline{EG}$ und $\overline{M_2H}$ entstehen, findet man

$$y_2 = t_E \cdot \sin \alpha + r_2 \cdot \cos \alpha$$
$$x_2 = r_2 \cdot \sin \alpha - t_E \cdot \cos \alpha$$

Der Schnittpunkt K der Verlängerung des Bogens $\overset{\frown}{EC}$ mit dem Lot $\overline{M_2F}$ liegt auf der Sehne $\overline{AC}$, da die Bogen $\overset{\frown}{AC}$ und $\overset{\frown}{KC}$ denselben Mittelpunktswinkel α_1 haben. In Dreieck AFK ist

$$\tan \frac{\alpha_1}{2} = \frac{y_2 - r_2}{t_A - x_2}$$

und weiter $(r_1 - r_2) \sin \alpha_1 = t_A - x_2$

$$r_1 = r_2 + \frac{t_A - x_2}{\sin \alpha_1}$$

und $\quad \alpha_2 = \alpha - \alpha_1$

Die Tangenten für jeden Korbbogenteil sind

$$t_1 = r_1 \cdot \tan \frac{\alpha_1}{2}$$

$$t_2 = r_2 \cdot \tan \frac{\alpha_2}{2}$$

Probe: Aus Dreieck BTD nach dem Sinussatz

$$\frac{(t_A - t_1) \cdot \sin \alpha}{\sin \alpha_2} = \frac{(t_E - t_2) \cdot \sin \alpha}{\sin \alpha_1} = t_1 + t_2$$

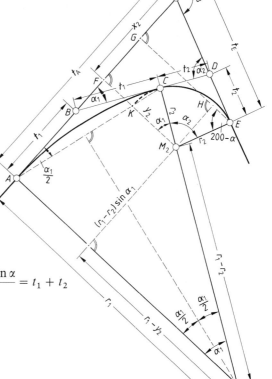

6.33 Zweiteiliger Korbbogen: großer Halbmesser oder große Tangente gesucht

Beispiel. Gegeben: $\alpha = 24{,}520$ gon

$$t_A = 220{,}00 \text{ m}$$

$$t_E = 160{,}00 \text{ m}$$

$$r_2 = 750{,}00 \text{ m}$$

Gesucht: Halbmesser r_1
Tangenten t_1, t_2

Rechengang:

$$y_2 = t_E \cdot \sin \alpha + r_2 \cdot \cos \alpha = 160{,}00 \cdot 0{,}37571 + 750{,}00 \cdot 0{,}92674 = 755{,}169 \text{ m}$$

$$x_2 = r_2 \cdot \sin \alpha - t_E \cdot \cos \alpha = 750{,}00 \cdot 0{,}37571 - 160{,}00 \cdot 0{,}92674 = 133{,}504 \text{ m}$$

$$\tan \frac{\alpha_1}{2} = \frac{y_2 - r_2}{t_A - x_2} = \frac{755{,}169 - 750{,}00}{220{,}00 - 133{,}504} = 0{,}05976$$

$$\frac{\alpha_1}{2} = 3{,}7999 \text{ gon} \qquad \alpha_1 = 7{,}5998 \text{ gon}$$

$$\alpha_2 = \alpha - \alpha_1 = 24{,}520 - 7{,}5998 = 16{,}9202 \text{ gon}$$

$$r_1 = r_2 + \frac{t_A - x_2}{\sin \alpha_1} = 750{,}00 + \frac{220{,}00 - 133{,}504}{0{,}11909} = 1476 \text{ m}$$

$$t_1 = r_1 \cdot \tan \frac{\alpha_1}{2} = 1476 \cdot 0{,}05976 = 88{,}21 \text{ m}$$

$$t_2 = r_2 \cdot \tan \frac{\alpha_2}{2} = 750{,}00 \cdot 0{,}13368 = 100{,}26 \text{ m}$$

Probe: $\dfrac{(t_E - t_2) \cdot \sin \alpha}{\sin \alpha_1} = \dfrac{59{,}74 \cdot 0{,}37571}{0{,}11909} = 188{,}47 \; (= t_1 + t_2)$

Wenn der Tangentenschnittwinkel α, die Tangente t_E und die Halbmesser r_1 und r_2 gegeben sind und die Tangente t_A zu berechnen ist, bestimmt man zunächst wieder y_2 und x_2 und errechnet den Winkel α_1 bei M_1

$$\cos \alpha_1 = \frac{r_1 - y_2}{r_1 - r_2}$$

Der Bogenanfang A wird festgelegt durch

$$t_A = x_2 + (r_1 - r_2) \cdot \sin \alpha_1$$

Nun können der Tangentenschnittwinkel α, die Tangenten t_A und t_E sowie der größere Halbmesser r_1 gegeben und der kleinere Halbmesser r_2 gesucht sein. Dann wird der Mittelpunkt M_1 auf t_E koordiniert (**6**.34)

$$y_1 = t_A \cdot \sin \alpha + r_1 \cdot \cos \alpha$$

$$x_1 = r_1 \cdot \sin \alpha - t_A \cdot \cos \alpha$$

Weiter ist

$$\tan \frac{\alpha_2}{2} = \frac{r_1 - y_1}{x_1 - t_E}$$

$$r_2 = r_1 - \frac{x_1 - t_E}{\sin \alpha_2} \quad \text{und} \quad \alpha_1 = \alpha - \alpha_2$$

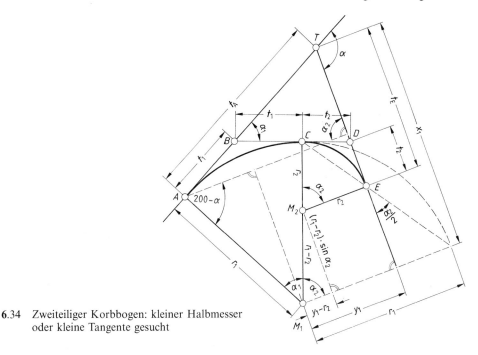

6.34   Zweiteiliger Korbbogen: kleiner Halbmesser
        oder kleine Tangente gesucht

Es können auch α, r_1, r_2 und t_A gegeben und die kleinere Tangente t_E gesucht sein. Dann ergibt sich nach Berechnung von y_1 und x_1

$$\cos \alpha_2 = \frac{y_1 - r_2}{r_1 - r_2}$$

$$t_E = x_1 - (r_1 - r_2) \cdot \sin \alpha_2$$

6.3.2 Dreiteiliger Korbbogen

Für die Bestimmung eines n-fachen Korbbogens sind $2n$ unabhängige Werte erforderlich, bei einem dreifachen Korbbogen sind dies also 6 Werte.

Wenn α, t_A, t_E und die drei Halbmesser r_1, r_2 und r_3 gegeben sind, wird zunächst der Mittelpunkt M_1 auf t_E koordiniert (6.35)

$$y_1 = t_A \cdot \sin \alpha + r_1 \cdot \cos \alpha$$

$$x_1 = r_1 \cdot \sin \alpha - t_1 \cdot \cos \alpha$$

Weiter aus Dreieck $M_1 F M_3$

$$\tan \beta = \frac{y_1 - r_3}{t_E - x_1}$$

$$\overline{M_1 M_3} = \sqrt{(y_1 - r_3)^2 + (t_E - x_1)^2}$$

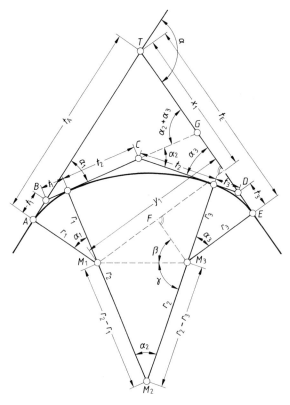

6.35 Dreiteiliger Korbbogen

und aus dem Dreieck der drei Mittelpunkte

$$\cos\alpha_2 = \frac{(r_2 - r_1)^2 + (r_2 - r_3)^2 - (\overline{M_1 M_3})^2}{2(r_2 - r_1)(r_2 - r_3)}$$

$$\sin\gamma = \frac{(r_2 - r_1)}{\overline{M_1 M_3}} \cdot \sin\alpha_2$$

Es folgt $\alpha_3 = \beta + \gamma - 100$

$$\alpha_1 = \alpha - \alpha_2 - \alpha_3$$

$$t_1 = r_1 \cdot \tan\frac{\alpha_1}{2} \qquad t_2 = r_2 \cdot \tan\frac{\alpha_2}{2} \qquad t_3 = r_3 \cdot \tan\frac{\alpha_3}{2}$$

Die weiteren Absteckmaße sind

$$\overline{GD} = \frac{\sin\alpha_2 \cdot (t_2 + t_3)}{\sin(\alpha_2 + \alpha_3)}$$

$$\overline{CG} = \frac{\sin\alpha_3 \cdot (t_2 + t_3)}{\sin(\alpha_2 + \alpha_3)}$$

6.3.3 Dreiteiliger Korbbogen als Bordsteinkurve

Der dreifache Korbbogen kommt im Straßenbau bei der Konstruktion der Bordsteinkurve zur Anwendung. Beim Durchfahren einer Kurve beschreiben die Hinterräder eines Fahrzeugs einen kleineren Bogen als die Vorderräder. Man spricht dann von der Schleppkurve der Hinterräder. Nun kann der dreifache Korbbogen als Näherungskurve der Schleppkurve aufgefaßt werden. Für die Einmündung von Straßen wird nach den Richtlinien für die Anlage von Landstraßen in Teil III „Knotenpunkte" festgelegt, daß sich die Halbmesser $r_1 : r_2 : r_3 = 2 : 1 : 3$ verhalten, wobei $\alpha_1 = 17,5$ gon und $\alpha_3 = 22,5$ gon festgelegt werden. Damit liegt der Bogen mit dem kleinsten Halbmesser r_2 und dem Winkel $\alpha_2 = \alpha - (\alpha_1 + \alpha_3)$ in der Mitte.

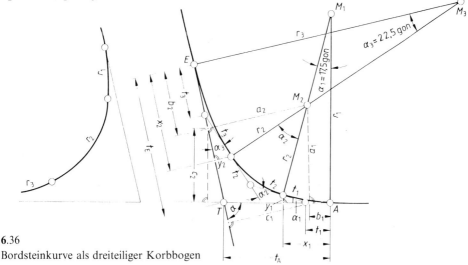

6.36
Bordsteinkurve als dreiteiliger Korbbogen

Zunächst wird der Mittelpunkt M_2 auf die beiden Haupttangenten bezogen (**6.36**).

$$a_1 = r_1 - (r_1 - r_2) \cdot \cos \alpha_1 = r_1 - r_2 \cdot \cos \alpha_1$$
$$b_1 = (r_1 - r_2) \cdot \sin \alpha_1 = r_2 \cdot \sin \alpha_1$$
$$a_2 = r_3 - (r_3 - r_2) \cdot \cos \alpha_3 = r_3 - r_1 \cdot \cos \alpha_3$$
$$b_2 = (r_3 - r_2) \cdot \sin \alpha_3 = r_1 \cdot \sin \alpha_3$$

Weiter ist

$$c_1 = a_2 - a_1 \cdot \cos \alpha \qquad c_2 = a_1 - a_2 \cdot \cos \alpha$$
$$t_A = b_1 + \frac{c_1}{\sin \alpha} \qquad t_E = b_2 + \frac{c_2}{\sin \alpha}$$
$$y_1 = r_1 - r_1 \cdot \cos \alpha_1 = r_1 \cdot (1 - \cos \alpha_1) \qquad x_1 = r_1 \cdot \sin \alpha_1$$
$$y_2 = r_3 - r_3 \cdot \cos \alpha_3 = r_3 \cdot (1 - \cos \alpha_3) \qquad x_2 = r_3 \cdot \sin \alpha_3$$
$$t_1 = r_1 \cdot \tan \frac{\alpha_1}{2} \qquad t_2 = r_2 \cdot \tan \frac{\alpha_2}{2} \qquad t_3 = r_3 \cdot \tan \frac{\alpha_3}{2}$$

Beispiel. Für die Einmündung einer Straße (**6.**36) sind gegeben:

$$r_1 = 16,00 \text{ m} \qquad r_2 = 8,00 \text{ m} \qquad r_3 = 24,00 \text{ m}$$

$$\alpha_1 = 17,5 \text{ gon} \qquad\qquad \alpha_3 = 22,5 \text{ gon}$$

$$\alpha \text{ (gemessen)} = 85,100 \text{ gon}$$

Es errechnen sich folgende Werte:

$$\alpha_2 = \alpha - (\alpha_1 + \alpha_3) = 85,100 - (17,500 + 22,500) = 45,100 \text{ gon}$$

$$a_1 = r_1 - r_2 \cdot \cos\alpha_1 = 16,00 - 8,00 \cdot 0,96246 = 8,30 \text{ m}$$

$$b_1 = r_2 \cdot \sin\alpha_1 = 8,00 \cdot 0,27144 = 2,17 \text{ m}$$

$$a_2 = r_3 - r_1 \cdot \cos\alpha_3 = 24,00 - 16,00 \cdot 0,93819 = 8,99 \text{ m}$$

$$b_2 = r_1 \cdot \sin\alpha_3 = 16,00 \cdot 0,34612 = 5,54 \text{ m}$$

$$c_1 = a_2 - a_1 \cdot \cos\alpha = 8,99 - 8,30 \cdot 0,23192 = 7,07 \text{ m}$$

$$c_2 = a_1 - a_2 \cdot \cos\alpha = 8,30 - 8,99 \cdot 0,23192 = 6,22 \text{ m}$$

$$t_A = b_1 + \frac{c_1}{\sin\alpha} = 2,17 + \frac{7,07}{0,97274} = 9,44 \text{ m}$$

$$t_E = b_2 + \frac{c_2}{\sin\alpha} = 5,54 + \frac{6,22}{0,97274} = 11,93 \text{ m}$$

$$y_1 = r_1 (1 - \cos\alpha_1) = 16,00 \cdot 0,03754 = 0,60 \text{ m}$$

$$x_1 = r_1 \cdot \sin\alpha_1 = 16,00 \cdot 0,27144 = 4,34 \text{ m}$$

$$y_2 = r_3 (1 - \cos\alpha_3) = 24,00 \cdot 0,06181 = 1,48 \text{ m}$$

$$x_2 = r_3 \cdot \sin\alpha_3 = 24,00 \cdot 0,34612 = 8,31 \text{ m}$$

$$t_1 = r_1 \cdot \tan\frac{\alpha_1}{2} = 16,00 \cdot 0,13832 = 2,21 \text{ m}$$

$$t_2 = r_2 \cdot \tan\frac{\alpha_2}{2} = 8,00 \cdot 0,36981 = 2,96 \text{ m}$$

$$t_3 = r_3 \cdot \tan\frac{\alpha_3}{2} = 24,00 \cdot 0,17858 = 4,29 \text{ m}$$

6.4 Berechnung und Absteckung von Übergangsbogen

Ein Übergangsbogen vermittelt den Übergang von der Geraden zum Kreis. An ihn werden folgende Forderungen gestellt:

a) Am Übergangsbogenanfang (*UA*) soll er die Krümmung Null und am Übergangs-bogenende (*UE*) die Krümmung $1/R$ [1]) des Kreisbogens sowie an beiden Punkten mit der Geraden bzw. mit dem Kreisbogen eine gemeinsame Tangente haben.

---

[1]) In Anlehnung an die Klothoidentafeln werden alle Größen mit großen Buchstaben, die der Einheitsklothoide mit kleinen Buchstaben bezeichnet.

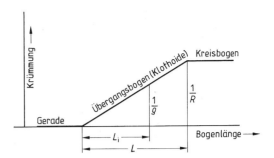

6.37   Krümmungsbild der Klothoide

b) Seine Krümmung soll nach einem bestimmten Gesetz von UA bis UE wachsen.
Nach b) sind viele Übergangsbogen möglich. Wir schränken dies so weit ein, daß die Krümmung linear von UA bis UE wächst.
Im Bild **6**.37 ist das Krümmungsbild dieses Übergangsbogens dargestellt. Auf der Waagerechten ist die Bogenlänge abgesetzt, senkrecht dazu wird die Krümmung abgetragen. Das bedeutet, daß die Gerade, welche die Krümmung Null hat, mit der waagerechten Linie zusammenfällt und der Kreisbogen mit der konstanten Krümmung $1/R$ sich als Parallele dazu darstellt. Die Krümmungslinie des Übergangsbogens ist die Verbindungslinie zwischen den Krümmungslinien der Geraden und des Kreisbogens; dies ist die Krümmungslinie der Klothoide.

6.4.1 Die Klothoide

Nach Bild **6**.37 ist die Krümmung proportional der Bogenlänge

$$\frac{1}{\varrho} = \frac{L_i}{C} \quad C = \text{Konstante}$$

Dies ist das Krümmungsgesetz der Klothoide.
Weiter ist

$$\frac{1}{\varrho} : \frac{1}{R} = L_i : L$$

und daraus

$$\varrho \cdot L_i = R \cdot L = \text{konst}$$

Dies nennt man das Bildungsgesetz der Klothoide und schreibt allgemein

$$R \cdot L = A^2 \quad \text{(Definitionsgleichung)}$$

A bezeichnet man als Parameter, durch den die Größe der Klothoide gekennzeichnet ist, wie ein Kreis durch seinen Halbmesser R. Man hat in der Definitionsgleichung A ins Quadrat gesetzt, weil die linke Seite der Gleichung das Produkt zweier Längen darstellt. Alle Klothoiden sind einander ähnlich, deshalb wird auch nur die Einheitsklothoide $A = a = 1$ tabuliert.

Es gilt für die

Einheitsklothoide $r \cdot l = 1$

Den Übergang von der Einheitsklothoide zu einer beliebigen Klothoide findet man, indem die Werte der Einheitsklothoide mit dem Parameter A multipliziert werden, also

$$R = r \cdot A, \quad L = l \cdot A, \quad Y = y \cdot A, \quad X = x \cdot A \quad \text{usw.}$$

Bild **6**.38 zeigt den positiven Ast der Einheitsklothoide. Die Klothoide ist symmetrisch zum Nullpunkt, die x-Achse ist Wendetangente. Jede Klothoide, die durch Multiplikation mit dem Parameter A aus der Einheitsklothoide entsteht, ist diesem Bild ähnlich, wobei die Winkelwerte unverändert erhalten bleiben. An der Stelle, an der die Klothoide den Krümmungsradius des sich anschließenden Kreishalbmessers erreicht hat, erfolgt der Übergang in den Kreisbogen. So wird auch ein Klothoidenstück den Übergang zwischen zwei Kreisbogen mit verschiedenen Halbmessern vermitteln.

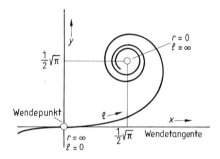

6.38   Bild der Einheitsklothoide

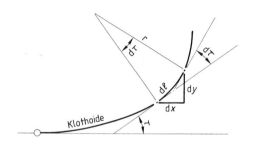

6.39   Klothoide mit unendlich kleiner Winkelzunahme $d\tau$

Um die Absteckungswerte der Klothoide von der Tangente aus bei gegebener Bogenlänge l berechnen zu können, entnimmt man Bild **6**.39

$$d\tau = \frac{dl}{r} \quad dl = r \cdot d\tau$$

und da $r \cdot l = 1$ ist, wird

$$d\tau = l \, dl$$

$$\tau = \frac{l^2}{2} = \frac{1}{2r^2} = \frac{l}{2r}$$

Weiter ist

$$dy = \sin\tau \, dl = \sin\frac{l^2}{2} \, dl$$

$$dx = \cos\tau \, dl = \cos\frac{l^2}{2} \, dl$$

Die Integration führt zu den „Fresnelschen Integralen"

$$y = \int_0^l \sin \frac{l^2}{2}\,\mathrm{d}l \qquad x = \int_0^l \cos \frac{l^2}{2}\,\mathrm{d}l$$

die sich über die Reihenentwicklung [1]) lösen lassen.

$$\sin \frac{l^2}{2} = \frac{l^2}{2} - \frac{l^6}{2^3 \cdot 3!} + \frac{l^{10}}{2^5 \cdot 5!} - +$$

$$\cos \frac{l^2}{2} = 1 - \frac{l^4}{2^2 \cdot 2!} + \frac{l^8}{2^4 \cdot 4!} - +$$

Nun wird gliedweise integriert:

$$y = \frac{l^3}{6} - \frac{l^7}{336} + \frac{l^{11}}{42\,240} - +$$

$$x = l - \frac{l^5}{40} + \frac{l^9}{3456} - +$$

Mit $l = \sqrt{2\tau}$ erhält man y und x in Abhängigkeit von τ:

$$y = \sqrt{2\tau}\left(\frac{\tau}{3} - \frac{\tau^3}{42} + \frac{\tau^5}{1320} - +\right)$$

$$x = \sqrt{2\tau}\left(1 - \frac{\tau^2}{10} + \frac{\tau^4}{216} - +\right)$$

Die vier Bestimmungsstücke a, τ (rad), l, r der Einheitsklothoide stehen untereinander in Beziehung, wobei $a^2 = 1$ ist:

$$r \cdot l = 1$$

$$a^2 = 1 = r \cdot l = \frac{l^2}{2\tau} = 2r^2\tau$$

$$\tau = \frac{l^2}{2} = \frac{l}{2r} = \frac{1}{2r^2}$$

$$l = \frac{1}{r} = 2r\tau = \sqrt{2\tau}$$

$$r = \frac{1}{l} = \frac{l}{2\tau} = \frac{1}{\sqrt{2\tau}}$$

---

[1]) Allgemein: Sinusreihe $\sin x = x - \dfrac{x^3}{3!} + \dfrac{x^5}{5!} - \dfrac{x^7}{7!} +$

Cosinusreihe $\cos x = 1 - \dfrac{x^2}{2!} + \dfrac{x^4}{4!} - \dfrac{x^6}{6!} +$

Für die Bestimmungsstücke A, τ (rad), L und R der Klothoide gilt

$$R \cdot L = A^2$$

$$A^2 = R \cdot L = \frac{L^2}{2\tau} = 2 R^2 \tau$$

$$\tau = \frac{L^2}{2 A^2} = \frac{L}{2 R} = \frac{A^2}{2 R^2}$$

$$L = \frac{A^2}{R} = 2 R\tau = A\sqrt{2\tau}$$

$$R = \frac{A^2}{L} = \frac{L}{2\tau} = \frac{A}{\sqrt{2\tau}}$$

Das Einrückmaß ΔR (6.40), um das der Kreisbogen nach innen oder die Tangente nach außen gerückt werden muß, um den Übergangsbogen einlegen zu können, ist

$$\Delta R = Y + R \cdot \cos\tau - R = Y - R(1 - \cos\tau)$$

oder auch $\Delta R = Y - H$, wobei H die Pfeilhöhe über dem verlängerten Kreisbogenstück ist. Für Y und H werden Näherungswerte eingeführt.

$$\Delta R = \frac{L^2}{6 R} - \frac{L^2}{8 R} = \frac{L^2}{24 R} \quad \left(\text{gültig bis } L \approx \frac{R}{3}\right)$$

Die Koordinaten des Kreismittelpunktes bezogen auf ein Koordinatensystem mit Nullpunkt in UA sind

$$Y_M = R + \Delta R \qquad X_M = X - R \cdot \sin\tau$$

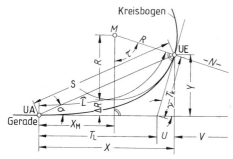

6.40   Klothoidenelemente

M	Kreismittelpunkt	Y	Ordinate für UE
R	Kreisradius	T_K	kurze Tangente
UA	Übergangsbogen-Anfang	T_L	lange Tangente
UE	Übergangsbogen-Ende	S	Sehne UA–UE
L	Länge des Klothoidenastes	σ	Sehnen-Tangenten-Winkel
ΔR	Einrückmaß	N	Klothoiden-Normale
X_M	Abszisse für den Kreismittelpunkt	U	Subtangente
τ	Tangentenwinkel	V	Subnormale
X	Abszisse für UE		

Aus Bild **6**.40 ist weiter zu entnehmen

$$T_K = \frac{Y}{\sin \tau} \qquad T_L = X - Y \cdot \cot \tau$$

$$N = \frac{Y}{\cos \tau} = T_K \cdot \tan \tau$$

$$U = Y \cdot \cot \tau = T_K \cdot \cos \tau$$

$$V = Y \cdot \tan \tau$$

6.4.2 Die Klothoide als Trassierungselement

Straßenbau. Die Anordnung von Übergangsbögen ist in den „Richtlinien für die Anlage von Straßen, Teil Linienführung (RAS–L)" geregelt.

Um optisch in Erscheinung zu treten, muß der Übergangsbogen eine Richtungsänderung von $\tau \geq 3,5$ gon vollziehen. Damit ergibt sich der für alle Straßenkategorien anzuwendende kleinste Klothoidenparameter zu

$$A^2 = \frac{2 \cdot 3,5 \cdot R^2}{63,66} \quad \text{bzw.} \quad A = \frac{R}{3}$$

Als obere Grenze gilt max $A = R$. Bei sehr großen Radien kann $A < \frac{R}{3}$ gewählt werden.

Die nachfolgenden Mindestparameter sind gemäß RAS–L bei Straßen der Kategoriengruppe A sowie der Kategorien B II und B III erforderlich, bei Straßen der Kategorien B IV und C III erwünscht:

Entwurfsgeschwindigkeit v_e (km/h)	40	50	60	70	80	90	100	120
Mindestparameter min A (m)	30	50	70	90	110	140	170	270

Eisenbahnbau. Bei Schienenbahnen werden die Räder durch die Schienen geführt (Formschluß). Dabei entsteht bei unvermitteltem Übergang von der Geraden in den Kreisbogen oder zwischen zwei Kreisbogen mit unterschiedlichen Radien eine Änderung der Zentrifugalbeschleunigung innerhalb eines kleinsten Zeitintervalls. Diese Änderung wird als Ruck bezeichnet, der durch den Einbau eines Übergangsbogens vermieden werden kann.

Im Regelfall soll die Länge des Übergangsbogens l_U und die der Überhöhungsrampe l_R gleich sein. Aus dieser Forderung ergibt sich die Länge l_U des Übergangsbogens:
als Regelwert:

$$l_U = l_R = \frac{10 \cdot \max v \cdot u}{1000}$$

als Mindestwert:

$$\min l_U = \min l_R = \frac{8 \cdot \max v \cdot u}{1000}$$

aber nicht kleiner als

$$\min l_{\mathrm{U}} = \frac{400 \cdot u}{1000}$$

Dabei ist die Überhöhung u in mm einzusetzen. Sie soll als Regelwert bemessen werden. Dieser liegt zwischen der Mindestüberhöhung

$$\min u = 11,8 \cdot \frac{\max v^2}{r} - \mathrm{zul}\, u_{\mathrm{f}}$$

und der zulässigen Überhöhung

$$\mathrm{zul}\, u = 11,8 \cdot \frac{v^2}{r} + \mathrm{zul}\, u_{\mathrm{u}} \leq 160\ (\mathrm{mm})$$

Hierin ist:

$u_{\mathrm{f}} =$ Überhöhungsfehlbetrag (mm)

$u_{\mathrm{u}} =$ Überhöhungsüberschuß (mm)

Die zulässigen Werte für u_{f} und u_{u} sind in der „Vorschrift für das Entwerfen von Bahnanlagen" der Deutschen Bundesbahn (DS 800/1) aufgeführt [1].

6.4.3 Anordnung von Klothoiden als Übergangsbogen

1. Symmetrische Klothoide (6.41)

Bei gegebenem Tangentenschnittwinkel α werden A und R (oder R und L) einem Plan graphisch entnommen. Mit α, R und A sind alle Klothoidenelemente aus den entwickelten Formeln oder mittels Tafelwerken (Abschn. 6.4.5) zu berechnen.

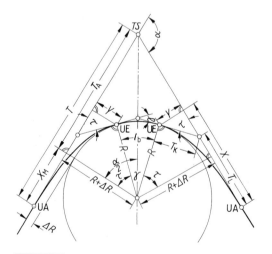

6.41 Kreisbogen mit symmetrischen Klothoiden

---

[1] Siehe auch V. Matthews: Bahnbau, Stuttgart 1992

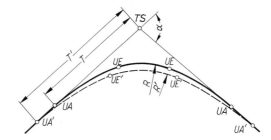

6.42   Symmetrische Klothoiden
bei gegebener Tangentenlänge

Weiter ist

$$T = T_A + X_M \qquad T_A = (R + \Delta R)\tan\frac{\alpha}{2} \qquad \gamma = \alpha - 2\tau$$

2. Symetrische Klothoide bei gegebener Tangentenlänge (6.42)
Durch den Zwang der Tangentenlänge werden A und R oder einer dieser Werte unrund.
Graphisch werden R' und A' (runde Werte) ermittelt und $T' = T_A + X_M$ gerechnet.
Weiter wird gesetzt

$$R : R' = T : T' \qquad R = R' \cdot \frac{T}{T'}$$

$$A : A' = T : T' \qquad A = A' \cdot \frac{T}{T'}$$

A' und R' werden also entsprechend dem Verhältnis T/T' vergrößert bzw. verkleinert.

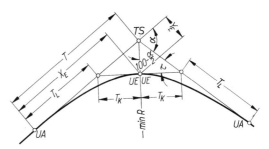

6.43   Symmetrische Scheitelklothoide

3. Symmetrische Scheitelklothoide (6.43)
Sie besteht aus zwei Klothoidenästen, die aneinanderstoßen. Der Kreisbogen schrumpft
zu einem Punkt zusammen. Scheitelklothoiden bleiben auf große Kurven beschränkt.
Aus einem Plan werden R' (Halbmesser im Scheitel) und L' (Klothoidenlänge) entnommen.

$$A' = \sqrt{R' \cdot L'}$$

Wenn Klothoidentafeln verwendet werden, wird zweckmäßig der nächste gerade Parameter gewählt.
Aus Bild **6**.43 entnimmt man weiter

$$\tau = \frac{\alpha}{2} \qquad T = X_E + Y_E \cdot \tan\tau$$

4. Wendelinie (**6.**44)

Sie verbindet zwei gegensinnige Kreisbogen; die *UA* stoßen aneinander. Die beiden Klothoiden können verschiedene Parameter haben. Gleiche Parameter sind jedoch anzustreben.

Aus einem Plan werden R_1, R_2 und A entnommen. Die Wendelinie wird mit diesen Werten auf Transparentpapier genau konstruiert und in den Plan eingepaßt, wobei evtl. ein weiterer Versuch auf Transparentpapier mit anderen Werten erforderlich wird. Damit sind R_1, R_2 und A ziemlich genau bestimmt. Der Parameter A ist auch über eine Hilfstafel [1]) zu berechnen. Nun können die Elemente nach den entwickelten Formeln berechnet werden.

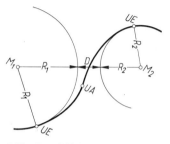

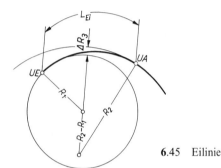

6.44   Wendelinie   6.45   Eilinie

5. Eilinie (**6.**45)

Sie verbindet zwei gleichgerichtete Kreisbogen mit verschiedenen Halbmessern. Geometrisch ist die Aufgabe nur lösbar, wenn der kleinere Kreis von dem größeren eingeschlossen wird.

A_1, R_1, A_{Ei}, R_2, A_2 werden graphisch ermittelt. A_{Ei} kann auch über eine Tafel [1]) bestimmt werden. Die Klothoidenelemente für A_1 und A_2 sind nach den entwickelten Formeln zu berechnen.
Weiter ist

$$\frac{1}{R_3} = \frac{1}{R_1} - \frac{1}{R_2} = \frac{R_2 - R_1}{R_1 \cdot R_2}$$

$$R_3 = \frac{R_1 \cdot R_2}{R_2 - R_1} \qquad L_{Ei} = \frac{A_{Ei}^2}{R_3} \qquad \Delta R_3 = \frac{L_{Ei}^2}{24\,R_3}$$

6.4.4 Einrechnen und Abstecken von Klothoiden

Wie beim Kreisbogen gibt es zur Absteckung der Klothoiden verschiedene Verfahren, die je nach Geländebeschaffenheit und verlangter Genauigkeit ihre Anwendung finden.

---

[1]) S. Kasper/Schürba/Lorenz; Die Klothoide als Trassierungselement. 5. Aufl. Bonn 1968

1. Rechtwinklige Koodinaten von der Haupttangente aus (**6.46**)
In den meisten Fällen wird die Klothoide in gleiche Abstände geteilt. Für die Einheitsklothoide sind dann die Bogenlängen

$$l_i = \frac{L_i}{A}$$

Nach den entwickelten Gleichungen erhält man bei gegebenem Halbmesser R und gegebener Übergangsbogenlänge L

$$A = \sqrt{R \cdot L}$$

und die Absteckwerte der einzelnen Klothoidenpunkte

$$Y_i = \left(\frac{l_i^3}{6} - \frac{l_i^7}{336} + \cdots \right) \cdot A$$

$$X_i = \left(l_i - \frac{l_i^5}{40} + \cdots \right) \cdot A$$

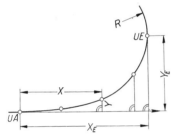

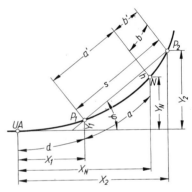

6.46 Abstecken von Klothoidenpunkten
von der Haupttangente aus nach
rechtwinkligen Koordinaten

6.47 Abstecken von Klothoidenpunkten von einer Sehne aus

Beispiel. Für den Übergang von der Geraden in den Halbmesser $R = 1800$ m wird ein $L = 200$ m
langer Übergangsbogen vorgesehen. Für die Punkte der Klothoide mit den Bogenlängen 50, 100,
150 und 200 m sind die Y- und X-Werte zu berechnen.

$$A = \sqrt{R \cdot L} = \sqrt{1800 \cdot 200} = 600$$

| | Einheitsklothoide | | | Klothoide | |
L_i	l_i	y	x	Y	X
50	0,08333	0,000096	0,08333	0,058	50,00
100	0,16667	0,000772	0,16667	0,463	100,00
150	0,25000	0,002604	0,24998	1,562	149,99
200	0,33333	0,006171	0,33323	3,703	199,94

2. Einschalten von Punkten von einer Sehne aus (**6.47**)
Die Koordinaten der drei Punkte P_1, P_2, N werden auf die Haupttangente bezogen und
auf die Sehne transformiert.

$$s = \sqrt{(Y_2 - Y_1)^2 + (X_2 - X_1)^2}$$

$$\sin\varphi = \frac{Y_2 - Y_1}{s} \qquad \cos\varphi = \frac{X_2 - X_1}{s}$$

$$a' = (X_N - X_1)\cos\varphi + (Y_N - Y_1)\sin\varphi \qquad b' = s - a'$$

$$h = (X_N - X_1)\sin\varphi - (Y_N - Y_1)\cos\varphi$$

oder näherungsweise

$$h \approx \frac{a \cdot b}{6\,A^2}(3\,d + 2\,a + b)$$

Liegt N in der Mitte von P_1 und P_2, so ist $a = b$

und $\qquad h \approx \dfrac{a^2}{2\,A^2}(d + a).$

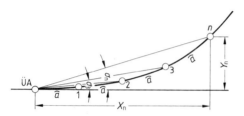

3. Sehnen-Tangenten-Methode (6.48)

Der Übergangsbogen wird in n-gleiche Teile geteilt. Die gleichabständigen Punkte sind dann einfach nach der Sehnen-Tangenten-Methode zu bestimmen. Aus den auf die Haupttangente bezogenen Y- und X-Werten wird abgeleitet

$$\sigma_i = \arctan\frac{Y_i}{X_i}$$

Für flache Übergangsbogen gilt

$$Y_i = \frac{X_i^3}{6\,A^2} \quad \text{und damit} \quad \sigma_i = \arctan\frac{X_i^2}{6\,A^2}$$

Die Winkel σ werden mit dem Theodolit abgesetzt, die Längen a gemessen und jeweils mit dem freien Schenkel des Winkels zum Schnitt gebracht. Es wird, wie beim Kreisbogen, immer auf den Standpunkt zu gearbeitet.

Bei der Klothoide ist die Zunahme der Differenz der zu gleichlangen Bogen gehörenden Umfangswinkel konstant

$$\Delta\Delta\sigma = \Delta\sigma_{i+1} - \Delta\sigma_i = \text{konst}$$

$$\Delta\sigma_i = \sigma_{i+1} - \sigma_i \qquad i = 1, 2, 3 \dots$$

Beispiel. Die im vorhergehenden Beispiel durch rechtwinklige Koordinaten von der Tangente aus bestimmten Punkte sind nach der Sehnen-Tangenten-Methode festzulegen. Zur Kontrolle wird die Zunahme der Winkeldifferenzen angegeben.

Punkt Nr.	σ_i gon	$\Delta\sigma_i$ gon	$\Delta\Delta\sigma$ gon
	$a = 50,00$ m		
1	0,074		
		0,221	
2	0,295		0,147
		0,368	
3	0,663		0,148
		0,516	
$4 = n$	1,179		

4. Polarmethode (6.49)

Die polare Absteckmethode ist bei der Verwendung elektronischer Tachymeter vorteilhaft. Aus den errechneten rechtwinkligen Koordinaten Y und X findet man die polaren Absteckelemente

$$S_i = \sqrt{Y_i^2 + X_i^2}$$

$$\sigma_i = \arctan \frac{Y_i}{X_i}$$

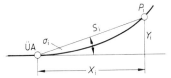

6.49   Abstecken nach der Polarmethode

5. Abstecken vom achsnahen Polygonzug aus

Die Linienführung eines Verkehrsweges setzt sich aus Geraden, Übergangsbogen und Kreisbogen zusammen. Bei der Planung werden die Halbmesser und die zugehörigen Parameter festgelegt und mit diesen die Tangentenlängen der Kreisbogen und die der Klothoiden sowie die Tangentenschnittwinkel bestimmt. Von den Hauptpunkten werden dann die Koordinaten im übergeordneten Netz berechnet. Die Koordinaten der Punkte des achsnahen Polygonzuges werden ebenfalls im übergeordneten Netz bestimmt. Alsdann werden für die Punkte der Trasse die rechtwinkligen Koordinaten oder Polarkoordinaten im örtlichen Koordinatensystem berechnet und örtlich abgesteckt. Für die ξ-Achse des örtlichen Systems wählt man zweckmäßig eine Polygonseite und als Standpunkt für die polare Absteckung einen Polygonpunkt.

Beispiel. In einem Lageplan M. 1 : 2000 mit Höhenlinien wurde die Trasse eines Verkehrsweges über die Leitlinie (s. Teil 1 Abschn. 10.4) entwickelt. Die Linienführung zeigt nach Bild **6.50** die Anschlußgerade $A - UA_1$ für die rechtsläufige Klothoide mit dem Parmater $A_1 = 500$ mit anschließendem Rechtsbogen mit $R_1 = 1000$ m. An diesen schließt eine Wendeklothoide mit dem rechtsläufigen Ast mit dem Parameter $A_2 = 400$ und dem linksläufigen Gegenast mit $A_3 = 400$ für den Linksbogen mit $R_2 = 800$ m an. Die folgende Klothoide mit $A_4 = 350$ vermittelt den Übergang in die Gerade $UA_4 - E$.

Nach Eintragen des Freihandzuges in den Plan erfolgt die graphische Trassierung mit Kurven- und Klothoidenlinealen, wobei die Parameter bzw. Längen der Klothoiden unter Beachtung der bestehenden Vorschriften (Abschn. 6.4.2) gewählt werden. Dann wird die erste Klothoide mit anschließendem Halbmesser auf ein transparentes Deckblatt genau aufgetragen und mit festgehaltener Tangentenrichtung so verschoben, bis sie sich an den Freihandzug anschmiegt. Mit einer Kopiernadel wird die Klothoide mit dem Halbmesser R_1 in den Plan übertragen. So wird fortgefahren.

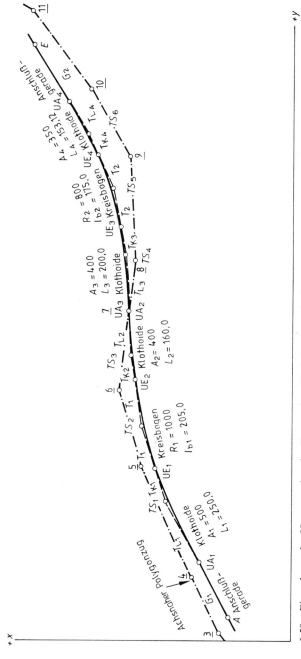

6.50 Einrechnen der Hauptpunkte der Trasse eines Verkehrsweges in das Koordinatensystem

Nach dieser Methode wurden die im Bild **6**.50 angegebenen Daten der Kurven ermittelt, für deren Hauptpunkte die Koordinaten und die Stationierung einzurechnen sind.

Zunächst werden die Tangentenlängen und Tangentenschnittwinkel der Kurven nach den entwickelten Formeln berechnet; sie können auch direkt Klothoiden- und Kreisbogentafeln entnommen werden.

Klothoide $UA_1 - UE_1$ $R_1 = 1000$ m $A_1 = 500$

$$L_1 = \frac{A_1^2}{R_1} = \frac{500^2}{1000} = 250{,}00 \text{ m}$$

$$\text{arc}\,\tau_1 = \frac{A_1^2}{2R_1^2} = 0{,}125 \qquad \tau_1 = \text{rad} \cdot \text{arc}\,\tau_1 = 63{,}662 \cdot 0{,}125 = 7{,}9578 \text{ gon}$$

$$\Delta R_1 = \frac{L_1^2}{24R_1} = \frac{250{,}0^2}{24 \cdot 1000} = 2{,}604 \text{ m}$$

$$Y_{UE} = L_1 \cdot \frac{\tau_1}{3} = 250{,}0 \cdot \frac{0{,}125}{3} = 10{,}41 \text{ m}$$

$$X_{UE} = L_1 \cdot \left(1 - \frac{\tau_1^2}{10}\right) = 250{,}0 \cdot \left(1 - \frac{0{,}125^2}{10}\right) = 249{,}61 \text{ m}$$

$$T_{L1} = X - Y \cdot \cot\tau_1 = 249{,}61 - 10{,}41 \cdot 7{,}95824 = 166{,}76 \text{ m}$$

$$T_{K1} = \frac{Y}{\sin\tau_1} = \frac{10{,}41}{0{,}12468} = 83{,}50 \text{ m}$$

Kreisbogen $UE_1 - UE_2$ $R_1 = 1000$ m   Bogenlänge l_{b1} (graphisch) $= 205$ m

$$\alpha_1 = \frac{l_{b1} \cdot \text{rad}}{R_1} = \frac{205{,}0 \cdot 63{,}662}{1000} = 13{,}0507 \text{ gon}$$

$$T_1 = R_1 \cdot \tan\frac{\alpha_1}{2} = 1000 \cdot 0{,}10286 = 102{,}86 \text{ m}$$

Für die folgenden Klothoiden werden nur die Ergebnisse angegeben.

Klothoide $UE_2 - UA_2$ $R_1 = 1000$ m $A_2 = 400$ $L_2 = 160{,}00$ m

$\tau_2 = 5{,}0930$ gon $\Delta R_2 = 1{,}066$ m $T_{L2} = 106{,}70$ m $T_{K2} = 53{,}37$ m

Klothoide $UA_3 - UE_3$ $R_2 = 800$ m $A_3 = 400$ $L_3 = 200{,}00$ m

$\tau_3 = 7{,}9578$ gon $\Delta R_3 = 2{,}082$ m $T_{L3} = 133{,}44$ m $T_{K3} = 66{,}77$ m

Kreisbogen $UE_3 - UE_4$ $R_2 = 800$ Bogenlänge l_{b2} (graphisch) $= 175$ m

$$\alpha_2 = \frac{l_{b2} \cdot \text{rad}}{R_2} = \frac{175{,}0 \cdot 63{,}662}{800} = 13{,}9261 \text{ gon}$$

$$T_2 = R_2 \cdot \tan\frac{\alpha_2}{2} = 800{,}00 \cdot 0{,}10981 = 87{,}85 \text{ m}$$

Klothoide $UE_4 - UA_4$ $R_2 = 800$ m $A_4 = 350$ $L_4 = 153{,}12$ m

$\tau_4 = 6{,}0927$ gon $\Delta R_4 = 1{,}221$ m $T_{L4} = 102{,}13$ m $T_{K4} = 51{,}09$ m

Mit den vorstehenden Werten werden die Koordinaten der Hauptpunkte des Linienzuges berechnet. Dies geschieht mit den Tangenten der Klothoiden und der Kreise als Polygonseiten sowie den Tangentenschnittwinkeln (± 200 gon) als Brechungswinkel sinnvoll in dem bei der Behandlung des Polygonzuges entwickelten Vordruck (Tafel **6**.52). Bekannt sind aus vorherigen (nicht aufgeführten) Berechnungen die Koordinaten des Punktes A und der Richtungswinkel der Anschlußgeraden $A - UA_1$. Unbekannt sind noch die Koordinaten der Punkte UA_4 und E; hieran anschließend wird die Trasse weiter projektiert werden. Es handelt sich somit um einen nur richtungs- und lagemäßig angeschlossenen Polygonzug (s. Abschn. 3.6.3).

Zur Übertragung in die Örtlichkeit werden die Hauptpunkte der Trasse auf die Polygonseiten bezogen und in rechtwinkligen Koordinaten oder in Polarkoordinaten errechnet (**6**.51).

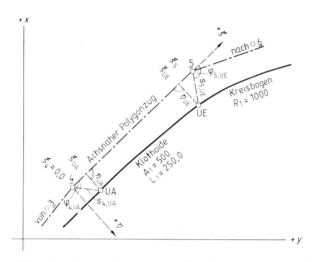

6.51   Abstecken von Punkten einer Straßenachse von einem Polygonzug aus

Aus Platzgründen bezieht sich das Beispiel nur auf Übergangsbogenanfang (UA_1) und Übergangsbogenende (UE_1) der ersten Klothoide. Gegeben sind somit die Koordinaten der Polygonpunkte 4 und 5 und der Punkte UA_1 und UE_1 im x-y-System. Gesucht sind

a) die Absteckmaße ξ und η als rechtwinklige Koordinaten der Punkte UA_1 und UE_1 im ξ-η-System mit der Polygonseite $4-5$ als positive ξ-Achse,

b) die Absteckmaße $\varphi_{4,\,UA}$ und $s_{4,\,UA}$ sowie $\varphi_{5,\,UE}$ und $s_{5,\,UE}$ als Polarkoordinaten der Punkte UA_1 und UE_1.

Gegebene Koordinaten im x-y-System (Gauß-Krüger)

Punkt	y	x
4	56 268,72	20 288,17
5	56 464,10	20 517,30
UA_1	56 299,28	20 310,87
UE_1	56 469,16	20 494,04

und im ξ-η-System

Punkt	η	ξ
4	$\pm 0,00$	$\pm\ \ 0,00$
5	$\pm 0,00$	$+301,12$

Tafel **6**.52 Koordinatenberechnung der Hauptpunkte der Trasse (**6**.50)

Punkt	RiWi t BreWi β gon	Tangente	$\Delta y = T \cdot \sin t$ y	$\Delta x = T \cdot \cos t$ x	Elemente Klothoide Kreis	Stationierung	Punkt
A			56 207,14	20 202,82			A
	44,951	142,00	+ 92,14	+108,05	Anschlußgerade		
UA_1	200,000		299,28	310,87	$G_1 = 142,00$	0,1+42,0	UA_1
	44,951	166,76	+108,20	+126,89	Klothoide		
TS_1	207,958		407,48	437,76	$A_1 = 500$ $L_1 = 250,00$		TS_1
	52,909	83,50	+ 61,68	+ 56,28	$\tau_1 = 7,958$		
UE_1	200,000		469,16	494,04	$T_{L1} = 166,76$ $T_{K1} = 83,50$	0,3+92,0	UE_1
	52,909	102,86	+ 75,98	+ 69,33	Kreisbogen		
TS_2	213,051		545,14	563,37	$R_1 = 1000$ $l_{b1} = 205,00$		TS_2
	65,960	102,86	+ 88,50	+ 52,42	$\alpha_1 = 13,051$		
UE_2	200,000		633,64	615,79	$T_1 = 102,86$	0,5+97,0	UE_2
	65,960	53,37	+ 45,92	+ 27,20	Klothoide		
TS_3	205,093		679,56	642,99	$A_2 = 400$ $L_2 = 160,00$		TS_3
	71,053	106,70	+ 95,86	+ 46,86	$\tau_2 = 5,093$		
$UA_2 =$ UA_3	200,000		775,42	689,85	$T_{L2} = 106,70$ $T_{K2} = 53,37$	0,7+57,0	$UA_2 =$ UA_3
	71,053	133,44	+119,88	+ 58,61	Klothoide		
TS_4	192,042		895,30	748,46	$A_3 = 400$ $L_3 = 200,00$		TS_4
	63,095	66,77	+ 55,86	+ 36,57	$\tau_3 = 7,958$		
UE_3	200,000		951,16	785,03	$T_{L3} = 133,44$ $T_{K3} = 66,77$	0,9+57,0	UE_3
	63,095	87,85	+ 73,50	+ 48,12	Kreisbogen		
TS_5	186,074		57024,66	833,15	$R_2 = 800$ $l_{b2} = 175,00$		TS_5
	49,169	87,85	+ 61,30	+ 62,93	$\alpha_2 = 13,926$		
UE_4	200,000		85,96	896,08	$T_2 = 87,85$	1,1+32,0	UE_4
	49,169	51,09	+ 35,65	+ 36,59	Klothoide		
TS_6	193,907		121,61	932,67	$A_4 = 350$ $L_4 = 153,12$		TS_6
	43,076	102,13	+ 63,95	+ 79,63	$\tau_4 = 6,093$		
UA_4	200,000		185,56	21012,30	$T_{L4} = 102,13$ $T_{K4} = 51,09$	1,2+85,12	UA_4
	43,076	171,50	+107,39	+133,72	Anschlußgerade		
E			57292,95	21146,02	$G_2 = 171,50$	1,4+56,62	E

Nach Abschn. 3.4 errechnet sich

$$\xi_5 = \sqrt{(y_5 - y_4)^2 + (x_5 - x_4)^2} = \sqrt{195{,}38^2 + 229{,}13^2} = 301{,}12 \text{ m}$$

$$o = \frac{y_5 - y_4}{\xi_5} = \frac{195{,}38}{301{,}12} = +0{,}64884$$

$$a = \frac{x_5 - x_4}{\xi_5} = \frac{229{,}13}{301{,}12} = +0{,}76093$$

$$\eta_{UA} = (y_{UA} - y_4)a - (x_{UA} - x_4)o = 30{,}56 \cdot 0{,}76093 - 22{,}70 \cdot 0{,}64884 = 8{,}53 \text{ m}$$

$$\xi_{UA} = (x_{UA} - x_4)a + (y_{UA} - y_4)o = 22{,}70 \cdot 0{,}76093 + 30{,}56 \cdot 0{,}64884 = 37{,}10 \text{ m}$$

$$\eta_{UE} = (y_{UE} - y_4)a - (x_{UE} - x_4)o = 200{,}44 \cdot 0{,}76093 - 205{,}87 \cdot 0{,}64884 = 18{,}94 \text{ m}$$

$$\xi_{UE} = (x_{UE} - x_4)a + (y_{UE} - y_4)o = 205{,}87 \cdot 0{,}76093 + 200{,}44 \cdot 0{,}64884 = 286{,}71 \text{ m}$$

Für die polare Absteckung erhält man nach Abschn. 3.2 für UA_1 von Punkt 4 aus

$$\tan t_{4,\,5} = \frac{y_5 - y_4}{x_5 - x_4} = \frac{195{,}38}{229{,}13} = 0{,}85270$$

$$t_{4,\,5} = 44{,}949 \text{ gon}$$

$$\tan t_{4,\,UA} = \frac{y_{UA} - y_4}{x_{UA} - x_4} = \frac{30{,}56}{22{,}70} = 1{,}34626$$

$$t_{4,\,UA} = 59{,}328 \text{ gon}$$

$$\varphi_{4,\,UA} = t_{4,\,UA} - t_{4,\,5} = 14{,}379 \text{ gon}$$

$$s_{4,\,UA} = \sqrt{\Delta y_{4,\,UA}^2 + \Delta x_{4,\,UA}^2} = \sqrt{30{,}56^2 + 22{,}70^2} = 38{,}07 \text{ m}$$

für UE_1 von Punkt 5 aus

$$\tan t_{5,\,UE} = \frac{y_{UE} - y_5}{x_{UE} - x_5} = \frac{5{,}06}{-23{,}26} = -0{,}21754$$

$$t_{5,\,UE} = 186{,}363 \text{ gon}$$

$$\varphi_{5,\,UE} = t_{5,\,UE} - t_{4,\,5} = 141{,}414 \text{ gon}$$

$$s_{5,\,UE} = \sqrt{\Delta y_{5,\,UE}^2 + \Delta x_{5,\,UE}^2} = \sqrt{5{,}06^2 + 23{,}26^2} = 23{,}80 \text{ m}$$

6. Abstecken mit freier Standpunktwahl

Der Standpunkt des elektronischen Tachymeters zur Absteckung der nach Koordinaten bekannten Punkte der Trasse wird frei gewählt. Es müssen mindestens zwei nach Koordinaten bekannte Punkte örtlich anzuzielen sein und zu den abzusteckenden Punkten muß gute Sicht bestehen. Die Koordinaten des Standpunktes werden durch Winkel- und Streckenmessung zu den zwei Festpunkten zunächst in einem örtlichen System gerechnet und dann in das übergeordnete Netz eingerechnet. Nach Abschn. 3.5.4 werden Maßstabsfaktor und Drehwinkel bestimmt und ein Kontrollpunkt in die Messung einbezogen. Alsdann werden für die abzusteckenden Punkte die polaren Absteckelemente ermittelt und in die Örtlichkeit übertragen.

6.4.4.1 Näherungsverfahren

Wenn bei flachen Übergangsbogen der Unterschied zwischen Bogenlänge und Sehnenlänge vernachlässigt werden kann, findet man für die Praxis brauchbare Näherungslösungen.

1. Abstecken von einer Sekante aus (**6**.53 und **6**.54)

Für $\quad L_N > L_2 > L_1 \quad$ (**6**.53) $\qquad x = b \qquad y \approx \dfrac{(a+b)\,b}{6\,A^2}\,(3\,d + 2\,a + b)$

Für $\quad L_N < L_1 < L_2 \quad$ (**6**.54) $\qquad x = b \qquad y \approx \dfrac{(a+b)\,b}{6\,A^2}\,(3\,d + 2\,b + a)$

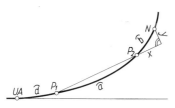   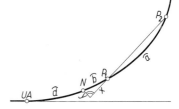

6.53 Abstecken von Klothoidenpunkten von einer Sekante aus ($L_N > L_2 > L_1$)

6.54 Abstecken von Klothoidenpunkten von einer Sekante aus ($L_N < L_1 < L_2$)

2. Abstecken von einer Klothoiden-Tangente aus (**6**.55a und b)

Zu Bild **6**.55a

$$x = b \qquad y \approx \frac{b^2}{6\,A^2}\,(3\,d + b)$$

Zu Bild **6**.55b

$$x = b \qquad y \approx \frac{b^2}{6\,A^2}\,(3\,d + 2\,b)$$

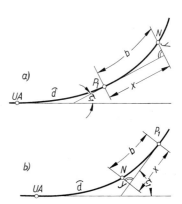

6.55 Abstecken von Klothoidenpunkten von einer Klothoidentangente aus

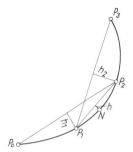

6.56   Zweiachtelmethode: Pfeilhöhen in gegensinnigen Klothoiden haben entgegengesetzte Vorzeichen

6.57   Zweiachtelmethode: Einschalten von Zwischenpunkten in gleichabständig verpflockten Klothoiden

3. Zweiachtelmethode (6.56 und 6.57)

Sie entspricht der Viertelsmethode beim Kreisbogen und dient der Punktverdichtung.

$$h = \frac{h_1}{8} + \frac{h_2}{8}$$

Bei Gegenbogen haben die Pfeilhöhen gegenläufiger Kurven entgegengesetztes Vorzeichen.

6.4.5 Einrechnen und Abstecken von Klothoiden mittels Tafelwerken

Für die Praxis sind zum Berechnen und Abstecken von Klothoiden Tafeln aufgestellt worden. Sie beziehen sich auf die Einheitsklothoide mit dem Parameter $A = a = 1$. Die Werte der Einheitsklothoide sind mit kleinen Buchstaben, die Werte der zu berechnenden Klothoide mit großen Buchstaben bezeichnet.

Die Tafeln sind so berechnet, daß die Tafelwerte mit A bzw. R zu multiplizieren sind, um den gesuchten Wert zu finden. Den Tafeln sind eingehende Beschreibungen vorangestellt.

Im einzelnen umfassen die Tafeln von Kasper/Schürba/Lorenz folgende Abschnitte:

1. E-Tafel   Eingang: l

   Ergebnis: τ, σ, r, Δr, x_M, x, y, $\dfrac{1}{r}$, $\dfrac{\Delta r}{r}$, t_k, t_1

2. τ-Tafel   Eingang: τ

   Ergebnis: l, r, x_M, x, y, σ, t_k, t_1

3. A-Tafel   Eingang: L für $A = 15$ bis $A = 3000$

   Ergebnis: τ, R, ΔR, X_M, X, Y, T_K, T_L

4. L-Tafel   Eingang: L für $A = 15$ bis $A = 3000$

   Ergebnis: X, Y

5. R-Tafel   Eingang: A für $R = 15$ bis $R = 10\,000$

   Ergebnis: L, τ, ΔR, X_M, X, Y, T_K, T_L

6.4.6 Die kubische Parabel (6.58)

Die Übergangsbogen sind in der Praxis flache Kurven. Es wird deshalb zulässig sein, in gewissen Grenzen den Längenunterschied zwischen der Bogenlänge L und der Abszisse l [1]) der Kurve zu vernachlässigen. Die sich ergebende Kurve heißt „kubische Parabel".

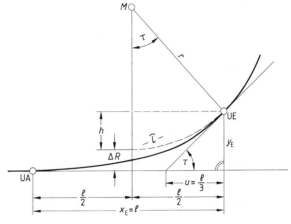

6.58   Kubische Parabel

Aus Bild **6.59** folgt

$$\frac{1}{\varrho} : x = \frac{1}{r} : l$$

$$\frac{1}{\varrho} = \frac{x}{r \cdot l}$$

Die allgemeine Krümmungsgleichung lautet

$$\frac{1}{\varrho} = \frac{y''}{\sqrt{1 + y'^2}^3}$$

oder näherungsweise

$$\frac{1}{\varrho} = y''$$

daraus folgt

$$y' = \tan \tau = \frac{x^2}{2 r l}$$

$$y = \frac{x^3}{6 r l}$$

6.59   Krümmungsbild der kubischen Parabel

---

[1]) Es werden wieder alle Größen mit kleinen Buchstaben bezeichnet bis auf die Bogenlänge L und das Abrückmaß ΔR.

Dies ist die Gleichung der kubischen Parabel, die jedoch wegen der eingeführten Näherung nicht genau die Krümmung des anschließenden Halbmessers erreicht.

Um diese Ungenauigkeit zu umgehen, bedient man sich der „verbesserten kubischen Parabel"

$$y = \frac{x^3}{6r \cdot l} \sqrt{1 + \left(\frac{l}{2r}\right)^2}^{\,3}$$

Die Beziehung zwischen der Übergangsbogenlänge L und deren Abszisse l findet man näherungsweise mit

$$L = l\left(1 + \frac{l^2}{40\,r^2}\right) \quad \text{und} \quad l = L\left(1 - \frac{L^2}{40\,r^2}\right)$$

Läßt man für den Unterschied zwischen L und l einen Fehler von $0{,}5\%_{00}$ zu, dann ist

$$\frac{l^2}{40\,r^2} = 0{,}0005 \quad \text{oder} \quad \frac{l^2}{0{,}02\,r^2} = 1 \quad \text{und} \quad \frac{l}{r} = \frac{1}{7}$$

d.h., bis zu einem Verhältnis $l : r = 1 : 7$ kann die kubische Parabel als Ersatzkurve dienen. Das Abrückmaß ist

$$\Delta R = y_E - h = \frac{l^2}{6r} - \frac{l^2}{8r} = \frac{l^2}{24r}$$

und weiter

$$y_M = r + \Delta R \qquad x_M = \frac{l}{2} \qquad u = \frac{l}{3}$$

6.4.7 Prüfen der Übergangsbogenabsteckung

Wie beim Kreisbogen erfolgt sie durch Pfeilhöhenmessung.

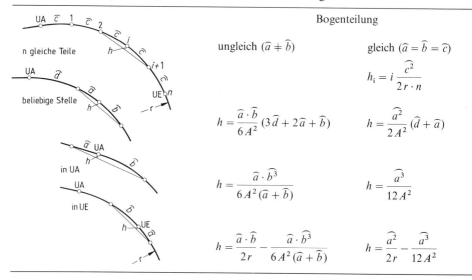

	Bogenteilung	
	ungleich $(\widehat{a} \neq \widehat{b})$	gleich $(\widehat{a} = \widehat{b} = \widehat{c})$
		$h_i = i\,\dfrac{\widehat{c}^2}{2\,r \cdot n}$
	$h = \dfrac{\widehat{a} \cdot \widehat{b}}{6\,A^2}(3\widehat{d} + 2\widehat{a} + \widehat{b})$	$h = \dfrac{\widehat{a}^2}{2\,A^2}(\widehat{d} + \widehat{a})$
	$h = \dfrac{\widehat{a} \cdot \widehat{b}^3}{6\,A^2\,(\widehat{a} + \widehat{b})}$	$h = \dfrac{\widehat{a}^3}{12\,A^2}$
	$h = \dfrac{\widehat{a} \cdot \widehat{b}}{2\,r} - \dfrac{\widehat{a} \cdot \widehat{b}^3}{6\,A^2\,(\widehat{a} + \widehat{b})}$	$h = \dfrac{\widehat{a}^2}{2\,r} - \dfrac{\widehat{a}^3}{12\,A^2}$

6.5 Winkelbildverfahren

Ein weiteres Verfahren zum Abstecken von Kreisbogen und Übergangsbogen ist das Winkelbildverfahren. Bei den bisher behandelten Absteckmethoden wurde eine Gerade (Tangente, Sehne usw.) als Ausgangs- oder Standlinie gewählt; beim Winkelbildverfahren ist dies eine gegebene Kurve, deren Krümmung laufend durch Pfeilhöhenmessung bestimmt wird. Im Straßenbau kann die gegebene Kurve örtlich durch gleichabständige Pfähle oder Nägel in der Straße bezeichnet sein, während im Eisenbahnbau ein bereits vorhandenes Gleis zweckmäßig als Ausgangslinie gewählt wird.

An einen Bogen sind folgende Bedingungen zu stellen:

Kreisbogen $\quad \dfrac{1}{r} = \text{const}\quad$ (die Krümmung ist konstant)

Übergangsbogen $\dfrac{1}{\varrho} = \dfrac{L}{C}\quad$ (die Krümmung wächst linear zur Bogenlänge; C ist ein Festwert)

Ein Bogen, der diese Bedingungen erfüllt, liegt einwandfrei. Umgekehrt muß ein vorhandener Bogen, also die Ausgangslinie, so verändert werden, bis er diese Bedingungen erfüllt.

Nach dem Winkelbildverfahren werden die Abstände von den Punkten der gegebenen Kurve bis zu den Punkten der gesuchten Kurve graphisch ermittelt. Es handelt sich um ein Näherungsverfahren, das innerhalb gewisser Grenzen einwandfreie Ergebnisse liefert.

Durch das Messen mit elektronischen Tachymetern und durch die Entwicklung moderner Rechenverfahren in Verbindung mit der elektronischen Datenverarbeitung wird das Winkelbildverfahren in der Praxis kaum noch angewendet. Es wird deshalb nicht weiter behandelt. Eine eingehende Beschreibung ist in der 15. Auflage dieses Buches zu finden.

6.6 Erdmassenberechnung

Bei jeder Baumaßnahme werden Erdbewegungen erforderlich sein; sie fallen z. B. im Hochbau beim Aushub einer Baugrube, im Ingenieurbau beim Straßen-, Eisenbahn- und Brückenbau an. Auch sind Massen beim Abbau von Steinbrüchen oder bei der Ausbeutung von Sand- und Kiesgruben zu erfassen. Die Erdmassenberechnung ist also vielfältig. Deshalb bedient man sich auch verschiedener Verfahren.

Beim Straßen- und Eisenbahnbau wird man bereits bei der Planung den Ausgleich zwischen Aushub und Auftrag unter dem Gesichtspunkt der minimalen Massenbewegungen weitmöglichst herbeiführen. Die Massenberechnung dient hier der Erfassung der zu transportierenden Erdmassen und der einzubauenden Materialien. Die Massenberechnungen werden auch zur Abrechnung herangezogen. Da es sich bei den Verkehrswegen um ein langes Band von mäßiger Breite handelt, kommt hier die Massenberechnung aus Querprofilen zur Anwendung. Die aufgenommenen Querprofile und deren Auswertung sind die Grundlage für diese Berechnungsmethode. Bei der Vorplanung bietet sich als graphische Methode die Berechnung der Massen durch Profilmaßstäbe an.

Bei der Ausdehnung der Baumaßnahme über eine beschränkte Fläche, z. B. die Baugrube für die Errichtung eines Gebäudes oder beim Abbau eines Steinbruchs, ist die Berechnung nach der Prismenmethode zweckmäßig. Dabei werden die Aufnahmepunkte nach Lage und Höhe durch ein Flächennivellement oder tachymetrisch erfaßt. Durch Verbinden der Punkte ergeben sich Dreiecke, die als Querschnitt des jeweiligen Prismas anzusehen sind.

Für die Planung von Flugplätzen oder Sportplätzen ist die Massenberechnung mittels Höhenrost sinnvoll. Die örtliche Aufnahme erfolgt durch ein Flächennivellement, dabei bildet ein Schema von Quadraten oder Rechtecken den Grundriß. Wenn sich an den Rändern Trapeze oder andere unregelmäßige Figuren ergeben, sind diese in Dreiecke zu zerlegen und die zugehörigen Massen nach der Prismenmethode zu berechnen.

Für die Ermittlung von Massen größerer Bauprojekte, wie z. B. bei der Vorplanung für die Anlage eines Stausees, bedient man sich der Massenberechnung nach Schichtlinien. Die Genauigkeit dieser Massenberechnung ist weitgehend von dem Maßstab der Karte und der Genauigkeit der Schichtlinien abhängig.

Die Massenberechnung wird beim Vorliegen eines Digitalen Geländemodells automatisch über ein Programm erfolgen. Dabei sind die genannten Rechenverfahren anzuwenden.

Die Erdmassenberechnungen werden in den meisten Fällen mit Ungenauigkeiten behaftet sein, die sich aus der vorhandenen Topographie und den verwendeten Rechenmethoden ergeben. Die Geländeoberfläche wird durch die Aufnahme einzelner Punkte nicht genau erfaßt und die Rechenmethoden stützen sich größtenteils auf Näherungsformeln. Dennoch werden bei Beachtung einzelner Regeln für die Praxis brauchbare Ergebnisse erzielt.

6.6.1 Massenberechnung aus Querprofilen

Nach dem Entwurf für einen Verkehrsweg (Straße, Eisenbahn, Kanal) werden das Längsprofil und die Querprofile aufgenommen.

Die Masse zwischen zwei Profilen im Abstand l und den Querschnittsflächen A_1 und A_2 ist nach der Formel des Pyramidenstumpfes

$$V = \frac{1}{3} l \left(A_1 + \sqrt{A_1 A_2} + A_2 \right)$$

oder (unter Einführung der Querschnittsfläche A_m in der Mitte zwischen den beiden Profilen)

$$V = \frac{1}{6} l \left(A_1 + A_2 + 4 A_m \right) \quad \text{Simpsonsche Formel.}$$

Darin ist nach Bild **6.**60

$$A_1 = b \cdot h_1 + n \cdot h_1^2 \qquad A_2 = b \cdot h_2 + n \cdot h_2^2$$

$$A_m = b \frac{h_1 + h_2}{2} + n \left(\frac{h_1 + h_2}{2} \right)^2$$

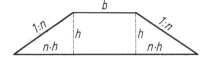

6.60 Bestimmen der Querschnittsfläche
eines Dammprofils

Das Volumen V ist genau. Es ist jedoch umständlich, die Fläche A_{m} jedes Mal zu bestimmen. Deshalb wählt man eine Näherungslösung und rechnet

$$V_{\mathrm{n}} \approx \frac{l}{2}(A_1 + A_2)$$

Das so erhaltene Volumen ist stets zu groß; die Querschnitttsflächen A_1 und A_2 (Damm bzw. Einschnitt) sollten möglichst genau bestimmt werden.
Der begangene Fehler ist die Differenz der Volumen V_{n} und V

$$f = V_{\mathrm{n}} - V = \frac{1}{3}l(A_1 + A_2 - 2A_{\mathrm{m}})$$

und mit den Werten für A_1, A_2 und A_{m}

$$f = \frac{1}{6}l \cdot n(h_1 - h_2)^2$$

Der Fehler wächst mit dem Quadrat des Höhenunterschiedes der benachbarten Querprofile. Deshalb ist der Abstand der Querprofile bei raschem Wechsel der Höhen kleiner zu wählen. Die Genauigkeit der Massenberechnung hängt weitgehend von der Genauigkeit der Querschnittsberechnung ab, die graphisch oder rechnerisch erfolgt.
Die Formeln sind für den Damm (Auftrag, **6**.75), für den Einschnitt (Abtrag, **6**.77) und für den Anschnitt (**6.**79) anzuwenden. Die Auftragsflächen der Querprofile werden als positive, die Abtragsflächen als negative Flächen gerechnet.

Bei der graphischen Auswertung werden die Flächen in den Querprofilen vermerkt und die Erdmassen tabellarisch ermittelt.

Die Berechnung in Tafel **6**.61 ist nach der Näherungsformel $V_{\mathrm{n}} = \frac{1}{2}l(A_1 + A_2)$ durchgeführt. Beim Einsatz einer elektronischen Rechenanlage ist es jedoch problemlos, die Rechnung nach der genauen Formel $V = \frac{1}{3}l(A_1 + \sqrt{A_1 A_2} + A_2)$ vorzunehmen.

Für die Erdmassenberechnung über eine elektronische Rechenanlage liegen Programme vor, wobei die Koordinaten und die Böschungsneigungen des Normalprofils eingegeben und gespeichert werden. In den Profilpunkten werden unter Berücksichtigung der Höhe der Trasse die Schnittpunkte der Böschungsneigung mit der Geländelinie gerechnet und koordiniert. Auf Grund dieser Koordinaten werden dann die Profilflächen und die Erdmassen berechnet.

Tafel **6**.61 Auszug aus einer Erdmassenberechnung

Station	Flächen A					Länge l	Volumen V	
	Auftrag	Mittel $\frac{1}{2}(A_n + A_{n+1})$	Abtrag	Mittel $\frac{1}{2}(A_n + A_{n+1})$	Profil-Abstand	Auftrag	Abtrag
	+	+	–	–		+	–
	m^2	m^2	m^2	m^2	m	m^3	m^3
0,325			17,4				
				16,30	25		407,50
0,350			15,2				
				13,45	25		336,25
0,375			11,7				
				10,15	6		60,90
0,381			8,6				
				6,90	14		96,60
0,395			5,2				
				4,50	5		22,50
0,400			3,8				
				2,75	7		19,25
0,407			1,7				
				0,85	8		6,80
0,415	0		0				
		1,80			10	18,00	
0,425	3,6						
		5,45			25	136,25	
0,450	7,3						
		9,00			20	180,00	
0,470	10,7						
		11,30			30	339,00	
0,500	11,9						
		13,00			25	325,00	
0,525	14,1						
					200	998	950

Vielfach sind Erdmassen von Rampen zu berechnen. Der einfachste Fall tritt auf, wenn die Rampe mit der Neigung $1 : m$ und der Böschung $1 : n_1$ auf eine senkrechte Wand trifft (**6**.62).

Nach der Simpsonschen Formel

$$V = \frac{1}{6} l (A_1 + A_2 + 4 A_m)$$

erhält man durch Einsetzen der Werte nach Bild **6**.62

$$V = \frac{m \cdot h}{6} \left[0 + a \cdot h + n_1 \cdot h^2 + 4 \left(a \cdot \frac{h}{2} + n_1 \cdot \frac{h^2}{4} \right) \right] = \frac{h^2}{6} (3a + 2n_1 h) m$$

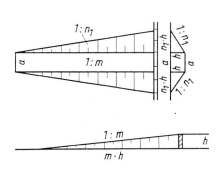

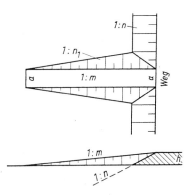

6.62   Rampe gegen senkrechte Wand   6.63   Rampe gegen Wegeböschung

Trifft die Rampe auf einen anderen Erdkörper mit der Böschungsneigung 1 : n (**6.**63), so ist

$$V = \frac{h^2}{6}\left(3a + 2n_1 \cdot h \cdot \frac{m-n}{m}\right)(m-n)$$

Beispiel.   Rampenbreite $a = 3{,}0\,\text{m}$ Rampenböschung $1 : n_1 = 1 : 1{,}5$
Rampenneigung $1 : m = 1 : 10$ Straßenböschung $1 : n = 1 : 2$
Rampenhöhe $h = 2{,}50\,\text{m}$

$$V = \frac{2{,}5^2}{6}\left(3 \cdot 3{,}0 + 2 \cdot 1{,}5 \cdot 2{,}5 \cdot \frac{(10-2)}{10}\right)(10-2) = 125\,\text{m}^3$$

Würde dieselbe Rampe an einer senkrechten Mauer abschließen, wäre $n = 0$ und damit

$$V = \frac{2{,}5^2}{6}(3 \cdot 3{,}0 + 2 \cdot 1{,}5 \cdot 2{,}5)\,10 = 172\,\text{m}^3$$

Erdmassenberechnungen von Baukörpern in einer kreisförmigen oder klothoidenförmigen Trasse müßten nach der Guldinschen Regel ermittelt werden: Erzeugende Fläche mal Weg ihres Schwerpunktes. Nun sind Flächen, die den zu berechnenden Erdkörper einschließen, verschieden groß, und damit ist auch die Lage des jeweiligen Schwerpunktes verschieden, so daß die Guldinsche Regel exakt nicht anwendbar ist. In der Praxis werden deshalb in Kreis- und Übergangsbogen die Querprofile radial (senkrecht zur Tangente der Kurve im jeweiligen Stationspunkt) gelegt und die Abstände im Bogen gemessen. Die Profilabstände sind im Bogen kleiner zu wählen als in der Geraden. Die Massenberechnung erfolgt dann nach den vorher angegebenen Formeln.

Allgemein ist noch zu beachten, daß bei Aufschüttungen das Setzungsmaß und der Prozentsatz der Auflockerung des Materials zu berücksichtigen sind. Bei Auffüllungen mit Sand, Kies, Schotter usw. ist das Maß der Verdichtung in Rechnung zu setzen.

6.6.2 Massenberechnung durch Profilmaßstäbe

Dieses Verfahren der graphischen Ermittlung der Querschnittsflächen eignet sich für die Überschlagsrechnung der Erdmassen bei der Vorplanung. Zunächst wird die Geländelinie waagerecht angenommen.

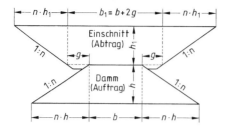

6.64 Querschnitt im Auftrag und Abtrag

Der Flächeninhalt ist dann (**6.64**)

für den Damm (Auftrag) $A_d = b \cdot h + n \cdot h^2$

für den Einschnitt (Abtrag) $A_e = b_1 \cdot h_1 + 2G + n \cdot h_1^2$

G = Fläche einer Entwässerungsmulde für den Einschnitt.

Die beiden Formeln sind mittels einer Parabel und einer geraden Linie in einem Profil-maßstab darzustellen. Die Parabel und die Geraden findet man, indem $n \cdot h^2$ und $b \cdot h$ bzw. $b_1 \cdot h + 2G$ tabuliert werden.

h	$n \cdot h^2$	$b \cdot h$	$b_1 \cdot h + 2G$
0	0	0	1
1	1,5	6	11
2	6	12	21
3	13,5	18	31

Beispiel. Für eine $b = 6$ m breite Straße, Böschung $1 : n = 1 : 1,5$ und Entwässerungsmulde 2 m breit und 0,4 m tief findet man nebenstehende Werte, die graphisch aufgetragen werden (**6.65**).
Als Längenmaßstab wählt man z. B. 1 mm = 1, 2, 3, 4 m², als Höhenmaßstab den des Längen-profils.

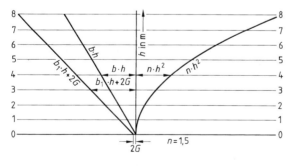

6.65 Profilmaßstab

Bei nicht horizontalem Gelände kann man die Geländeneigung näherungsweise berücksichtigen, indem die Flächendifferenz der durch die Geländelinie entstandenen schraffierten Dreiecke (**6.**66) in ein Trapez mit der Höhe x umgewandelt wird. Um diesen Wert x ist dann die Höhe h zu verbessern.

$$\Delta A' = \frac{1}{2} a \cdot h_1 - \frac{1}{2} a \cdot h_2 \approx 2a \cdot x$$

$$\frac{1}{2} a(h_1 - h_2) \approx 2a \cdot x$$

$$x \approx \frac{h_1 - h_2}{4}$$

6.66   Querschnittsbestimmung bei geneigtem Gelände

Mit dem Wert h oder dem verbesserten Wert $(h + x)$ geht man in den Profilmaßstab und entnimmt die Flächen für den Auftrag oder Einschnitt. Bei Straßen ist zu berücksichtigen, daß das Erdplanum rund $0{,}5 \ldots 0{,}8$ m unter Straßenkrone liegt.
Die Erdmassen sind zwischen zwei Querschnittsflächen im Abstand l dann wieder

$$V_n = \frac{l}{2}(A_1 + A_2)$$

6.6.3 Massenberechnung nach der Prismenmethode

Ein schief abgeschnittenes dreiseitiges Prisma mit dem Querschnitt Q und den Seitenkanten a, b, c hat den Inhalt

$$V = Q \frac{a + b + c}{3}$$

Bei drei höhenmäßig bestimmten Punkten kann man deren Höhen als die Seiten eines Prismas und die waagerechte Fläche, die durch die drei Höhenpunkte gegeben ist, als den Querschnitt des Prismas ansehen. Der zu berechnende Erdaushub ist so in einzelne Prismen zu zerlegen.

Beispiel. Eine Baugrube ist auszuheben (**6.**67). Die eingeklammerten Höhen wurden mit einem Nivellierinstrument bestimmt. Mit diesen Punkten werden Dreiecke gebildet, die jeweils den Querschnitt eines Prismas darstellen. Wenn die aufgenommenen Punkte unregelmäßig im Gelände verstreut sind, trägt man sie in einen Plan ein und ermittelt die Querschnittsflächen der Prismen graphisch.

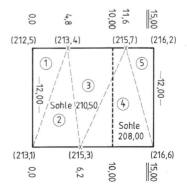

6.67   Baugrube mit Geländehöhen

Tafel **6**.68 Erdmassenberechnung nach der Prsimenmethode

Prisma	a	b	c	$\dfrac{a+b+c}{3}$ g	Q	$\dfrac{h}{2}$	Inhalt V Aushub m³
1	2	3	4	5	6	7	8
			Abrechnung auf Sohlenhöhe 210,50				
1	2,6	2,0	2,9	2,50	4,8	6,0	72
2	2,6	2,9	4,8	3,43	6,2	6,0	128
3	4,8	2,9	5,2	4,30	6,8	6,0	175
4	4,8	5,2	6,1	5,37	8,8	6,0	284
5	6,1	5,2	5,7	5,67	3,4	6,0	116
							775
			Abrechnung auf Sohlenhöhe 208,00				
				2,5 · 5,0 · 12,0			150
						Aushub	925 m³

Die Werte a, b, c (Sp. 2 bis 4) sind die Differenzen aus Punkthöhe und Sohlenhöhe. Für Prisma 1 ist $a = 213,1 - 210,5 = 2,6$; $b = 212,5 - 210,5 = 2,0$; $c = 213,4 - 210,5 = 2,9$. Q ist die Querschnittsfläche und V das Volumen der einzelnen Prismen (Sp. 8 = Sp. 5 × Sp. 6 × Sp. 7). Es wird zunächst die ganze Fläche auf die Sohlenhöhe 210,50 bezogen und zum Schluß die Teilfläche auf Sohlenhöhe 208,0 berücksichtigt.

6.6.4 Massenberechnung mittels Höhenrost (Flächennivellement)

Man kann die Masse unter einem Rostquadrat (Rechteck) nach der Querschnittsmethode berechnen, wenn das Mittel aus Vorder- und Rückfläche mit der Länge multipliziert wird (**6**.69). Der in Abschn. 6.6.1 genannte Fehler tritt auch hier auf; er ist jedoch wegen der geringen Geländeneigung und des geringen Abstandes (Maschenweite des Rostes) sehr klein. Es ist

$$A_v = \frac{1}{2}(h_1 + h_2)\,a \qquad A_r = \frac{1}{2}(h_3 + h_4)\,a$$

und damit

$$V = \frac{a}{2}(A_v + A_r) = \frac{a^2}{4}(h_1 + h_2 + h_3 + h_4)$$

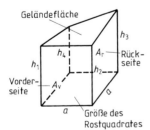

6.69   Massenberechnung mittels Höhenrost

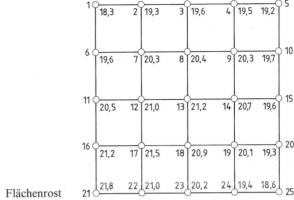

6.70 Flächenrost

In einem Flächenrost (**6**.70) stoßen die Rostquadrate aneinander. Die Summe der zu den Rostquadraten gehörenden Volumen ist dann $V = V_1 + V_2 + V_3 + \dots$

$$V = \frac{a^2}{4} (4 \sum h_4 + 3 \sum h_3 + 2 \sum h_2 + \sum h_1)$$

Die Indizes der Höhen geben an, zu wieviel Rostquadraten die Höhe gehört; so h_4 zu 4 Rostquadraten, h_3 zu drei, h_2 zu 2 und h_1 zu einem Rostquadrat. Sind außerhalb der Rostquadrate an den Rändern noch Randflächen (Rechtecke), so sind diese Volumen einzeln zu bestimmen nach

$$V = \frac{1}{4} A (h_1 + h_2 + h_3 + h_4)$$

Beispiel. Das in Bild **6**.70 durch ein Flächennivellement aufgenommene Gelände soll bis auf die Höhe 17,0 ausgeschachtet werden. Die Punkte 7 ... 9, 12 ... 14 und 17 ... 19 kommen in vier, die Punkte 2 ... 4, 6, 11, 16, 10, 15, 20 und 22 ... 24 in zwei und die Punkte 1, 5, 21 und 25 in nur einem Quadrat vor. Damit findet man, wenn von den Höhen jeweils 17,0 m subtrahiert werden, bei einem Quadratrost von 20 m

$$V = \frac{20 \cdot 20}{4} (4 \cdot 33,4 + 2 \cdot 34,9 + 9,9) \qquad V = 100 \cdot 213,30 = 21\,330\,\text{m}^3$$

6.6.5 Massenberechnung nach Schichtlinien

Bei großen Bauprojekten, z. B. bei der Anlage von Stauseen, beim Abtragen von Höhenrücken, bei denen Karten mit Höhenschichtlinien vorliegen, können diese als Grundlage der Massenberechnung bei der Vorplanung dienen. In dem Plan bilden die Höhenlinien gleichen Abstandes Schichten gleicher Dicke (**6**.71). Bei einem Stausee sind dies gleich dicke Schichten zur Berechnung der zu stauenden Wassermassen; bei einem Höhenrücken sind es gleich dicke Schichten der abzutragenden Erdmassen. Der Abstand der Höhenlinien (Dicke der Schichten) soll h sein; er wird in der Regel 1 m, 5 m oder 10 m betragen.

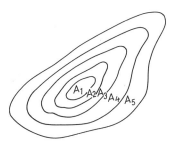

6.71 Massenberechnung mittels Höhenschichtlinien

Die Flächen von zwei aufeinanderfolgenden Schichtlinien kann man als die obere und untere Fläche A_1 und A_2 des Körpers mit der Höhe h auffassen, dessen Volumen näherungsweise nach Abschn. 6.6.1

$$V_1 = \frac{h}{2} (A_1 + A_2) \quad \text{ist.}$$

Das Volumen des von den nächsten Höhenlinien eingeschlossenen Körpers mit derselben Höhe h ist

$$V_2 = \frac{h}{2} (A_2 + A_3).$$

In dem Bild **6**.71 schließen die 5 Höhenlinien 5 Flächen ein, so daß sich das Gesamtvolumen aus der Summe der von den Höhenlinien gebildeten 4 Volumen ergibt.

$$V = V_1 + V_2 + V_3 + V_4 = \frac{h}{2} (A_1 + 2A_2 + 2A_3 + 2A_4 + A_5)$$

oder allgemein

$$V = \frac{h}{2} (A_1 + 2A_2 + 2A_3 + \ldots 2A_{n-1} + A_n)$$

Die von den Höhenlinien eingeschlossenen Flächen werden zweckmäßig mit dem Planimeter bestimmt.

Aus dem Höhenschichtlinienplan können auch Längs- und Querschnitte entwickelt werden, die dann zur Massenermittlung dienen. Die Genauigkeit dieser Berechnungen hängt weitgehend von dem Maßstab der Karte und der Güte der Höhenschichtlinien ab.

6.7 Abstecken von Verkehrswegen

Man unterscheidet Voruntersuchungen, allgemeine und ausführliche Vorarbeiten.

Die Voruntersuchungen sind großräumig und befassen sich mit wirtschaftlichen Fragen. Mit den allgemeinen Vorarbeiten wird die günstigste Trassse (in Richtung und Höhe) in Karten und Plänen festgelegt, die bei größeren Bauvorhaben über ein digitales Geländemodell mit Hilfe einer Rechenanlage gefunden wird. Bei den ausführlichen Vorarbeiten wird diese Trasse in das Gelände übertragen. Dies geschieht, indem zunächst die Geraden und Tangenten und dann die Kreis- und Übergangsbogenpunkte abgesteckt werden.

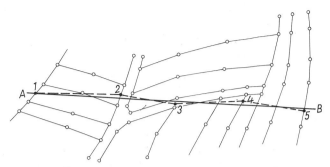

6.72   Übertragen von Punkten aus Plänen in die Örtlichkeit

Wenn Katasterkarten vorliegen, in die die Linienführung eingetragen ist, steckt man von einwandfrei in Karte und Örtlichkeit zu identifizierenden Punkte (Grenzsteine, Wegeknicke usw.) die Geraden ab. Durch die Ungenauigkeit der Karten bilden diese Punkte örtlich nicht scharf eine Gerade; die zwischen den Punkten vermittelnde Gerade ist anzuhalten (**6.**72). Zwangspunkte (Sollabstände von Gebäuden usw.) sind jedoch unverändert festzuhalten.

Das Lage- und Höhennetz ist für die Absteckung und Überwachung des Bauvorhabens zu verdichten. Die Lagefestpunkte sind frostfrei durch Pfeiler (zweckmäßig durch örtlich gestampfte Betonpfeiler), die Höhenfestpunkte durch Bolzen an festen Bauwerken zu vermarken. Zusätzliche Sicherungspunkte außerhalb der Baustelle sind angebracht. Nebenpunkte können durch Pfähle mit Nagel bezeichnet werden, die gegen den Baubetrieb zu sichern sind.

Grundlage der Lagevermessung ist ein Polygon, das in der Nähe der Trasse oder als Tangentenpolygon angelegt wird. Die Polygonpunkte sind dauerhaft zu vermarken und zu sichern. Die Strecken werden elektro-optisch, in einfachen Fällen mit dem Stahlbandmaß gemessen, die Winkel mit einem Ingenieurtheodolit in zwei Halbsätzen beobachtet. Die Polygonierung ist an das amtliche Lagenetz an- und abzuschließen. Bei kleineren Bauvorhaben genügt ein örtlicher Polygonzug, der jedoch gut verprobt sein soll. Das Polygon dient der Geländeaufnahme, der Achsabsteckung und, sofern es Tangentenpolygon ist, der Aufnahme des Längenprofils und der Querprofile.

Nach der Absteckung sind die Tangenten- und Hilfstangentenpunkte, Bogenhauptpunkte und Übergangsbogenpunkte zu vermarken und dauerhaft zu sichern. Die seitliche Sicherung wird durch eine Tafel mit Profil- und Kilometerangabe gekennzeichnet; sie darf durch den Baubetrieb nicht gefährdet sein. Die Sicherung ist i. allg. Sache des Auftragnehmers.

6.7.1 Abstecken von Damm- und Einschnittsprofilen

Hierbei ist der jeweilige Schnittpunkt S zwischen der herzustellenden Böschung $1:n$ (ohne Berücksichtigung des Setzmaßes) und dem gleichmäßig $1:m$ geneigten Gelände zu bestimmen. Aus dem aufgezeichneten Querprofil mit eingezeichnetem Bauentwurf entnimmt man die Abstände E_l und E_r und überträgt sie in die Örtlichkeit. Die Maße

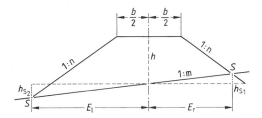

6.73   Abstecken eines Dammprofils

sind rechtwinklig zur Achse in dem jeweiligen Stationspunkt abzusetzen. Der örtlich ermittelte Punkt ist bei genauen Absteckungen höhenmäßig zu überprüfen.
Die abzusteckenden Maße können auch berechnet werden:

Dammprofil (**6.73**):

Für die kürzere Böschung $\qquad E_r = h_{S1} \cdot m, \qquad h_{S1} = \dfrac{\dfrac{b}{2} + n \cdot h}{m + n}$

Für die längere Böschung $\qquad E_l = h_{S2} \cdot m, \qquad h_{S2} = \dfrac{\dfrac{b}{2} + n \cdot h}{m - n}$

Einschnittsprofil (**6.74**):

Für die kürzere Böschung $\qquad E_r = h_{S3} \cdot m, \qquad h_{S3} = \dfrac{\left(\dfrac{b}{2} + g\right) + n \cdot h}{m + n}$

Für die längere Böschung $\qquad E_l = h_{S4} \cdot m, \qquad h_{S4} = \dfrac{\left(\dfrac{b}{2} + g\right) + n \cdot h}{m - n}$

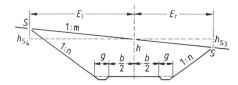

6.74   Abstecken eines Einschnittprofils

Beispiel.   Gegeben $b = 8,00$ m; $g = 2,00$ m; $1 : n = 1 : 1,5$; $1 : m = 1 : 20$; $h = 2,0$ m.
Es errechnen sich die Absteckmaße mit

Damm: $\qquad E_r = \dfrac{4,0 + 1,5 \cdot 2,0}{20 + 1,5} \cdot 20 = 6,51 \text{ m} \qquad\qquad E_l = \dfrac{4,0 + 1,5 \cdot 2,0}{20 - 1,5} \cdot 20 = 7,57 \text{ m}$

Einschnitt: $\quad E_r = \dfrac{6,0 + 1,5 \cdot 2,0}{20 + 1,5} \cdot 20 = 8,37 \text{ m} \qquad\qquad E_l = \dfrac{6,0 + 1,5 \cdot 2,0}{20 - 1,5} \cdot 20 = 9,73 \text{ m}$

Wenn die Geländeneigung nicht bekannt ist, kann der Schnittpunkt S örtlich durch allmähliche Annäherung gefunden werden. Es ist zwischen Damm, Einschnitt und Anschnitt zu unterscheiden.

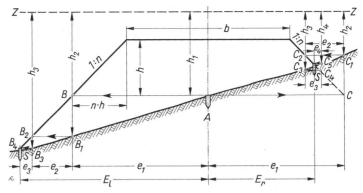

6.75 Abstecken eines Dammprofils durch wiederholtes Verschieben der Absteckpunkte

Damm (6.75). Der Regelquerschnitt des Baukörpers mit der Kronenbreite b und den Böschungsneigungen $1 : n$ ist gegeben. Aus dem Längsprofil entnimmt man in dem entsprechenden Profil (km-Station) die Auftragshöhe h über dem Achspfahl A. Die Schnittpunkte der Waagerechten mit den Dammböschungen sind B bzw. C, die vom Achspfahl den Abstand haben

$$e_1 = \frac{b}{2} + n \cdot h$$

Durch wiederholtes Verschieben der Punkte B und C findet man die gesuchten Schnittpunkte S.

Zur örtlichen Bestimmung des Schnittpunktes S auf der linken Seite setzt man zunächst e_1 waagerecht von A aus ab und erhält B_1. Mit dem seitlich aufgestellten Nivellierinstrument, dessen Zielhöhe durch die Linie ZZ gekennzeichnet ist, werden an der aufgehaltenen Latte in A und B_1 die Werte h_1 und h_2 auf cm abgelesen. Damit ist

$$B_1 B_2 = e_2 = (h_2 - h_1)\, n .$$

Das Maß e_2 ist waagerecht abzusetzen, womit B_3 gefunden ist, auf dem die Ablesung h_3 gemacht wird. Hiermit errechnet man die nächste Verschiebung

$$B_3 B_4 = e_3 = (h_3 - h_2)\, n$$

die wiederum abzusetzen ist. Je steiler das Gelände ist, um so mehr Wiederholungen werden erforderlich sein, jedoch führt das Verfahren meistens nach 3 oder 4 Verschiebungen zum Ziel. Der Praktiker wird diese Zahl ohnehin reduzieren, indem er nicht mit Punkt B_1 beginnt, sondern die Latte sofort auf einen geschätzten Punkt, z.B. B_3 aufhalten läßt, $(e_1 + e_2)$ mißt, h_3 abliest und damit findet

$$e_3 = \left[\frac{b}{2} + (h - h_1 + h_3)\, n \right] - (e_1 + e_2)$$

Im Punkt B_4 wird ein Pfahl so tief eingeschlagen, daß die auf seiner Oberkante aufgehaltene Nivellierlatte die Ablesung h_3 zeigt. Damit wäre ein Böschungspunkt in unmittelbarer Nähe des theoretischen Punktes S gefunden.

Zum Schütten der Böschung ist aber noch ihre Neigung sichtbar zu machen; man verzichtet in diesem Fall auf die Vermarkung des Punktes B_4. In kurzer Entfernung (0,10 m) von B_4 schlägt man lotrecht einen starken Pfahl so ein, daß seine Oberfläche $\frac{0,10}{n}$ m über B_4 liegt und damit einen Böschungspunkt darstellt. An den Pfahl wird eine Dachlatte genagelt, deren Oberkante mit der Oberfläche des Pfahles abschließt (**6**.76). An einem zweiten langen Pfahl im Abstand von 1 ... 3 m ist die Dachlatte zu befestigen, die zuvor mit einem Böschungsdreieck, dessen Katheten im Verhältnis 1 : n stehen, und Lot oder Libelle in die Böschungsneigung eingerichtet wurde.

Gebrochene Böschungsflächen sind durch Lattenprofile nicht sichtbar zu machen. Hier wird der Pfahl für den Böschungsfuß geschlagen. Die Böschungsneigungen mit ihren Längen werden auf einer Tafel vermerkt.

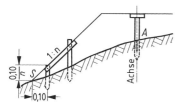

6.76　Böschungslehren (Lattenprofile) eines Dammes

Die Dammkrone bezeichnet man durch eine waagerechte Dachlatte (Lattenkreuz), die an einem Pfahl in Achsmitte befestigt ist. Bei sehr hohen Dämmen und in Einschnitten wird die Latte um ein rundes Maß, das deutlich sichtbar an der Latte anzugeben ist, über oder unter der Sollhöhe befestigt. Das von der Dammhöhe und dem Schüttmaterial abhängige Setzmaß der Dammschüttung bleibt unberücksichtigt. Es ist Sache des Unternehmers, den Damm so zu schütten, daß sein endgültiger Zustand den Lattenlehren entspricht.

Die Prüfung der Absteckung geschieht durch erneutes Einwägen des Achspunktes $A\,(h_1)$ und des letzten Pfahles $B_4\,(h_4)$ von verändertem Instrumentenstandpunkt aus und Nachmessen der Strecke $AB_4 = E_1$, die mit dem errechneten Wert $E_1 = \frac{b}{2} + n\,(h - h_1 + h_4)$ übereinstimmen muß.

Die rechte Seite des Dammquerschnittes wird entsprechend bearbeitet. Man beachte, daß bei steigendem Gelände die Höhenunterschiede $h_2 - h_1$ und $h_4 - h_3$ und damit auch die Strecken e_2 und e_4 negativ sind und nach innen abgesetzt werden müssen.

Einschnitt (**6**.77). Die Absteckung erfolgt sinngemäß wie beim Damm. Der Schnittpunkt der Waagerechten durch A mit der Einschnittsböschung hat vom Achspfahl den Abstand $e_1' = \frac{b}{2} + g + n \cdot h$. Das Verfahren der Annäherung kann auch hier meist beim Punkt B_3 abgebrochen werden. Die Strecke $e_3 = (h_2 - h_3)n$ ist in der Regel bei mäßiger Geländeneigung so klein, daß man nach einem Spatenstich einen Pfahl bei B_4 so einschlagen kann, daß sich an der aufgehaltenen Nivellierlatte die Ablesung h_3 ergibt. Der Kopf des Pfahles liegt dann in der Böschungsneigung. Die Prüfung geschieht wie bei der Dammabsteckung.

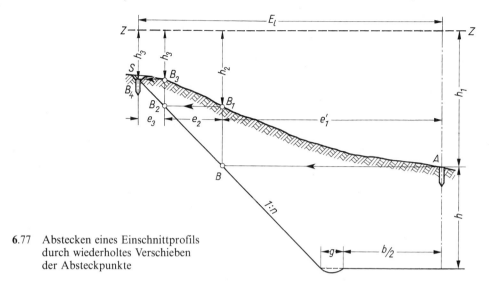

6.77   Abstecken eines Einschnittprofils
durch wiederholtes Verschieben
der Absteckpunkte

Die Böschungslehren sind in der Verlängerung der künftigen Böschung anzubringen (**6**.78). Das Prinzip ist das gleiche wie beim Damm. Die die Dammkrone bezeichnende waagerechte Dachlatte in der Achse wird um ein rundes Maß über Dammkronenhöhe angebracht.

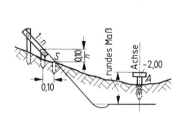

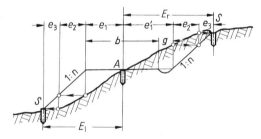

6.78   Böschungslehren (Lattenprofile)
eines Einschnittes

6.79   Abstecken eines Anschnittprofils durch wiederholtes Verschieben der Absteckpunkte

Anschnitt (**6**.79). Es kann vorkommen, daß in einem Profil ein Teil Damm und ein Teil Einschnitt ist. Bild **6**.79 zeigt den Fall für $h = 0$. Dabei ergibt sich für die erste Näherungsabsteckung

$$e_1 = b/2$$

bzw. $$e_1' = b/2 + g \, .$$

Zwischenpunkte in der Dammkrone findet man einfach mittels Visierkreuzen. Diese bestehen aus einer großen und zwei kleinen hölzernen Quertafeln. Die Vorderseite der großen Quertafel ist rot-weiß, die Rückseite schwarz-weiß gestrichen. Bei den zwei

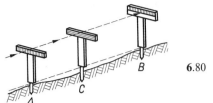

6.80 Durchtafeln mit Visierkreuzen

kleinen Quertafeln ist je eine Seite weiß, die andere rot bzw. schwarz. Die große Tafel kommt auf den Endpunkt B (**6**.80), die kleine schwarze auf A. Die Oberkante der roten Tafel wird nun in C höhenmäßig zwischen Oberkante der Tafel A und Trennungslinie (rot/weiß bzw. schwarz/weiß) der Tafel B eingefluchtet und der Pfahl entsprechend weit eingeschlagen. Da die drei Visierkreuze gleich lang sind, liegen die Punkte A, B, C in einer Ebene.

6.7.2 Abstecken von Punkten in Linien gleicher Steigung

Der Instrumenteneinsatz richtet sich nach der Genauigkeitsforderung. Für einfache, überschlägliche Absteckung genügt der Handgefällmesser, für etwas genauere Messungen bedient man sich eines auf einen Stock aufgesetzten Gefällmessers. Die geforderte Steigung wird in Prozenten am Gefällmesser eingestellt und die in Ziellinienhöhe auf einen Stock aufgesteckte Zieltafel im Gelände eingewiesen. Die Messung ist von der Entfernung unabhängig; das ist vorteilhaft. Man kann beliebig viele Punkte bestimmen.

Genaue Höhenangaben setzen ein Nivellierinstrument mit Latte voraus. In diesem Fall muß auch die Entfernung gemessen werden. Diese wird mit aufliegendem 20 m-Meßband in der Schrägen bestimmt und bei jeder Bandlage der Wert z zugegeben, so daß das Maß 20 m in der Waagerechten entspricht. Gleichzeitig setzt man mit dem Nivellierinstrument den Wert Δh ab. Es ist also jeweils durch $(20 + z)$ m Bogenschlag der Punkt zu suchen, bei dem an der Nivellierlatte $(h + \Delta h)$ abgelesen wird.

Beispiel. Eine Linie mit $s = 7\%$ Steigung ist gesucht.
Für 20 m Länge ist
$$\Delta h = \frac{s}{100}\, l = \frac{7}{100} \cdot 20 = 1{,}40 \text{ m}$$
Die schräge Entfernung ist
$$l' = l + z = l + \frac{\Delta h^2}{2l} = 20{,}00 + \frac{1{,}40^2}{2 \cdot 20} = 20{,}05 \text{ m}$$

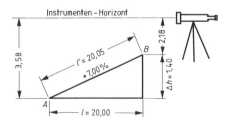

Mit dem Nivellierinstrument wird an der Latte in A (**6**.81) 3,58 m abgelesen. Dann ist mit dem aufliegenden Band ($l' = 20{,}05$ m) ein Kreisbogen zu schlagen, auf dem die Latte geführt wird, bis $3{,}58 - 1{,}40 = 2{,}18$ m abgelesen werden. Damit ist Punkt B gefunden. Die Messung wird im gleichen Sinn fortgesetzt.

6.81 Aufsuchen einer Linie gleicher Steigung mit dem Nivellierinstrument

6.8 Abstecken und Festlegen von Gebäuden

Unter Berücksichtigung der amtlich festgelegten Baulinie werden die Eckpunkte des Gebäudes abgesteckt und durch Pfähle gekennzeichnet (**6.**82). Die Probemessungen sind besonders wichtig, sie lassen sich bei rechtwinkligen Gebäuden zweckmäßig durch Messen der Umringsmaße und der Diagonalen finden.

Beim Ausschachten gehen die abgesteckten Gebäudepunkte verloren. Deshalb legt man die Richtungen der Gebäudeseiten in Schnurgerüsten fest, die mindestens 1,50 m von der späteren Baugrube entfernt stehen sollen. Es sind rechtwinklig zueinander stehende, an Pfählen befestigte Latten (**6.**83), auf denen durch Nägel oder Kerben die Sockel- und Mauerflucht bezeichnet werden. In die Kerben hängt man eine Schnur, die genau die jeweilige Flucht angibt. Die Schnüre sollen sich nicht berühren.

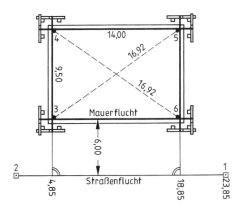

6.82 Gebäudeabsteckung mit Schnurgerüst

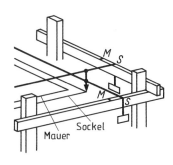

6.83 Schnurgerüst für Sockelflucht (S) und Mauerflucht (M)

Zur Beweissicherung wird ein Absteckungsriß geführt, in dem die gemessenen Maße festgehalten werden. Der Riß ist mit Datum und Unterschrift zu versehen.

Die Absteckung eines Gebäudes nach der Polarmethode setzt den Einsatz eines Theodolits oder besser eines elektronischen Tachymeters voraus. Zur Absteckung werden die polaren Absteckelemente β_i und s_i (**6.**84) berechnet und in die Örtlichkeit übertragen.

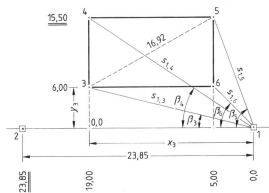

6.84 Polarabsteckung eines Gebäudes

Hierbei müssen der Standpunkt des Theodolits und die abzusteckenden Punkte in einem örtlichen System oder im übergeordneten System koordiniert sein.

In Bild **6.**84 ist die Verbindungslinie 1–2 der Grenzpunkte x-Achse im örtlichen System mit Punkt 1 als Koordinaten-Nullpunkt. Somit sind die rechtwinkligen Koordinaten 3 bis 6 bekannt. Daraus folgt

$$\beta_3 = \arctan \frac{y_3}{x_3}, \quad \text{allgemein} \quad \beta_i = \arctan \frac{y_i}{x_i}$$

$$s_{1,3} = \sqrt{y_3^2 + x_3^2} \quad \text{allgemein} \quad s_{1,i} = \sqrt{y_i^2 + x_i^2}$$

Für das Beispiel Bild **6.**84 ergeben sich folgende polaren Absteckwerte

$$\beta_3 = 19{,}473 \text{ gon} \quad s_{1,3} = 19{,}92 \text{ m}$$

$$\beta_4 = 43{,}564 \text{ gon} \quad s_{1,4} = 24{,}52 \text{ m}$$

$$\beta_5 = 80{,}135 \text{ gon} \quad s_{1,5} = 16{,}29 \text{ m}$$

$$\beta_6 = 55{,}772 \text{ gon} \quad s_{1,6} = 7{,}81 \text{ m}$$

Eine durchgreifende Kontrolle erhält man, wenn von Punkt 2 die Absteckung wiederholt wird.

Die Absteckung von Gebäuden mit freier Standpunktwahl ist in Abschn. 3.5.4 behandelt.

Die Höhenangaben sind bei der Bauplanung in der Regel auf NN (Normal-Null) bezogen. Für die Absteckung und für die Bauüberwachung werden zweckmäßig mindestens zwei Höhenfestpunkte in der Nähe des Gebäudes neu bestimmt. Dies geschieht durch ein Streckennivellement mit Anschluß an zwei Höhenfestpunkte des amtlichen Höhenfestpunktfeldes. Die Vermarkung erfolgt durch Bolzen oder in einfachen Fällen durch einen Pfahl mit Nagel.

Die Höhenübertragung auf Geschoßebene wird man in einfachen Fällen mit dem Meßband und dem Zollstock ausführen. Das Meßband sollte mit der vorgesehenen Zugspannung versehen und geprüft sein. In vorhandenen Treppenhäusern kann die Höhenmessung auch mit dem Nivellierinstrument erfolgen. Hierbei werden die Sichtweiten sehr kurz und die Ablesungen des Rück- und Vorblicks sich jeweils am unteren bzw. oberen Ende der Nivellierlatte bewegen. Deshalb sind vor der Messung die Dosenlibelle der Nivellierlatte und das Nivellierinstrument zu überprüfen. Auch ist auf den korrekten senkrechten Stand der Latte besonders zu achten.

6.9 Bauwerksabsteckungen, Bauwerksbeobachtungen

Bei größeren Brückenbauwerken (Talübergängen) ist die Messung lage- und höhenmäßig an die amtlichen Netze anzuschließen, aber nicht abzuschließen, damit vorhandene Netzspannungen nicht auf das Bauwerk übertragen werden. In vielen Fällen reichen örtliche Lagenetze aus. Größere unzugängliche Entfernungen (Flußläufe) kann man mittels elektro-optischer Entfernungsmessung direkt oder durch Dreiecksmessung indirekt bestimmen. Im letzten Fall werden auf jedem Ufer je eine Basis möglichst rechtwinklig und symmetrisch zur Bauwerksachse gelegt. Die entstehenden Dreiecke sollen ungefähr gleichschenklig rechtwinklig, mindestens gleichseitig sein. Die Basen sind mit Präzisionsbandmaßen, optisch oder elektro-optisch zu messen, die Winkel mit einem Feinmeßtheodolit in zwei vollen Sätzen zu beobachten. Die Längenmaße für den Entwurf und die Absteckung reduziert man auf die geforderte Normaltemperatur (meistens 20 °C); dies ist auf allen Plänen und Unterlagen zu vermerken.

Für die Höhenangaben werden in der Nähe des Bauwerks (mindestens zwei) Höhenfestpunkte geschaffen (Höhensteine mit Bolzen oder Bolzen an gut fundamentierten Bauwerken), wobei der Zusmmenschluß beider Seiten evtl. durch ein Stromübergangs-Nivellement erfolgt.

Ausgangspunkte für Tunnelabsteckungen sind in der Nähe der Tunnelenden auf geologisch einwandfreiem Untergrund ausgewählte, dauerhaft vermarkte und nach Lage und Höhe bestimmte Punkte. Auch die Anfangs- und Endrichtung der Tunnelachse wird an mindestens zwei Punkten dauerhaft vermarkt und bei einem kleineren Tunnel durch ein Feinpolygon, bei einem längeren Tunnel durch eine Kleintriangulation verbunden. Die Tunnelachse und die Höhe der Bausohle werden mit dem Baufortschritt laufend angegeben.

Die Grundlagen der Bauwerksbeobachtungen bilden auch hier die außerhalb des Beobachtungsgebietes auf sicherem Untergrund dauerhaft vermarkten Lage- und Höhenfestpunkte als Ausgangspunkte, die wiederum von Vergleichspunkten laufend zu überwachen sind. An den Bauwerken vermarkt man gut und sicher eine ausreichende Anzahl Beobachtungspunkte, die man zur Bestimmung der Lageänderung von vermarkten Standlinien aus, zur Bestimmung der Höhenänderung durch ein Feinnivellement in bestimmten Zeitabständen beobachtet. Die Beobachtungsergebnisse der Ausgangsmessung und der Wiederholungsmessungen werden in Vordrucken und Profilplänen laufend registriert.

Zur Überprüfung der senkrechten Stellung von Ingenieurbauten und zur Überwachung von Veränderungen an Hochhäusern, Türmen, Schornsteinen, Schächten sowie für die Montage von senkrechten Rohrleitungen, Aufzügen, Förderanlagen usw. dienen optische Lotgeräte oder Lot-Laser.

Das optische Lotgerät von Breithaupt (6.85) besitzt ein vertikales Lotfernrohr mit dem Objektiv nach unten, das um eine vertikale Achse drehbar in einem Dreifuß gelagert ist. Mit den beiden Röhrenlibellen wird die Stehachse, die mit der Fernrohrachse zusammenfällt, senkrecht gestellt. Nach den am Rande angebrachten Markierungen von 30° zu 30° wird die Messung orientiert. Mit einer Fokussierlinse stellt man das Ziel scharf ein. Das gerade Okular mit Einblick von oben kann gegen ein gebrochenes Okular mit seitlichem Einblick ausgewechselt werden. Die Fernrohrvergrößerung ist 42fach. Die größte Zielweite liegt bei ca. 600 m; die Meßgenauigkeit ist ±1 mm auf 100 m.

Das automatische Zenit- bzw. Nadirlot (ZL/NL) von Wild (6.86) stabilisiert die Lotlinie automatisch in zwei Ebenen. Zwei Kompensatoren, die in zwei rechtwinkligen Lotebenen wirken, stellen die Ziellinie automatisch lotrecht. Bei 24facher Fernrohrvergrößerung beträgt die Standardabweichung einer Lotung aus zwei diametralen Beobachtungen 0,5 mm auf 100 m.

Über die Genauigkeit der Bauwerksabsteckungen und Bauwerksbeobachtungen gibt es leider keine Angaben. Meistens gilt die Aussage des Bauingenieurs „möglichst genau". Läßt man für die Vermessung den halben Betrag der für den Bau angegebenen Toleranz zu, sind die Vermessungen vielfach nur unter einem erheblichen Aufwand auszuführen. Dabei wird die im Vermesungswesen übliche Standardabweichung weit unterschritten.

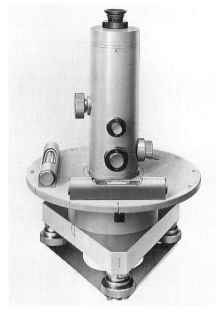

6.85 Lotfernrohr TELIM (Breithaupt)   **6.86** Automatisches Zenitlot Wild ZL (Leica)

Zur Abgleichung zwischen dem Bau- und dem Vermessungswesen sind nach DIN 18201 folgende Begriffe festgelegt:

Istmaß:	Das örtlich gemessene Maß
Sollmaß: (Nennmaß)	Das in Zeichnungen angegebene Maß
Abmaß: (Messungsungenauigkeit)	Differenz Soll minus Ist (Sollmaß minus Istmaß)
Größtmaß:	Der größte zulässige Wert
Kleinstmaß:	Der kleinste zulässige Wert
Toleranz:	Differenz zwischen Größt- und Kleinstmaß

7 Vermessungen mit Laser-Instrumenten

Beim Abstecken von Bauwerken und während der Bauausführung sind vielfach Höhenübertragungen und genaue Richtungsangaben erforderlich. Hierfür stehen Nivellierinstrumente und Theodolite zur Verfügung. Jedoch können für die Lösung vieler Aufgaben zweckmäßig Laser-Instrumente eingesetzt werden, die es erlauben, mit dem Laserstrahl eine Bezugsgerade oder bei dessen Rotation eine Bezugsebene im Raum darzustellen.

Laser (Light amplification by stimulated emission of radiation) bedeutet „Lichtverstärkung durch stimulierte Strahlenemission". Als Lasermaterial können ein Festkörper, ein Gas oder ein Halbleiter dienen. Für die Ingenieur-Vermessung werden Gaslaser und Diodenlaser (Halbleiterlaser) verwendet.

Das Prinzip des Gaslasers sei kurz erläutert. (7.1):

Die Hauptfrequenzentladung bewirkt eine Wechselwirkung zwischen den Atomen des Heliums und des Neons. Es entstehen Strahlungen, die durch die Spiegel auf Quarzplättchen reflektiert werden und eine Resonanz erzeugen. Durch den zum Teil durchlässigen Spiegel tritt ein Teil des Lichtes als Laserstrahl aus; es ist ein fast paralleles Strahlenbündel, dessen Lichtstrahlen eine Wellenlänge $\lambda = 623,8$ nm (sichtbares Rot) haben. Die

Strahlenabmessung beträgt bei Austritt aus dem Laser je nach Instrumententyp 5 bis 15 mm, bei 300 m Entfernung zwischen 7 und 30 mm. Das Laserlicht unterliegt den optischen Gesetzen und wird somit von atmosphärischen Bedingungen wie Nebel, Refraktion, Staub beeinflußt.

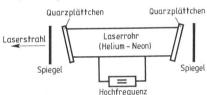

7.1   Prinzip des Gaslasers

Der Baulaser (Helium-Neon) ist leistungsschwach mit einer Leistung von etwa 0,001 bis 0,005 Watt. Dennoch ist die Strahlintensität größer als die der Sonne. Sie ist für Menschen ungefährlich, jedoch darf der Strahl nicht direkt ins Auge fallen, da sonst die Netzhaut Schaden nehmen kann.

Der Diodenlaser (Halbleiterlaser) hat an Bedeutung gewonnen. Der erzeugte Laserstrahl ($\lambda = 815$ nm) ist nicht sichtbar und kann somit nur mit einem Detektor erfaßt werden. Der Laserstrahl wird über eine Optik gebündelt. Vorteilhaft ist, daß diese Geräte sehr robust sind und sich somit für den Baustelleneinsatz anbieten.

Laser-Instrumente können folgenden Gruppen zugeordnet werden:

Linienlaser als Richt- und Kanalbaulaser oder Lotlaser

Rotationslaser

Für einen umfassenden Einsatz der Laser werden besondere Empfangs- und Steuersysteme angeboten.

7.2   Kanalbaulaser Automat 065 (Stolz)

Richt- und Kanalbaulaser (7.2) werden im Tunnel- und Kanalbau, bei Schildvortrieb und Rohrpressungen sowie im Straßen- und Gleisbau eingesetzt. Der sichtbare Strahl hat bei Tag eine maximale Reichweite von etwa 200–300 m (in Ausnahmefällen bis 500 m), unter Tage bis zu 600 m.

Viele Laser sind mit Libelle und Horizontiereinrichtung ausgestattet. Damit kann das Gerät schnell und sicher in dem Bereich eingestellt werden, in dem der Zielstrahl horizontal bzw. vertikal automatisch in einer definierten Soll-Lage gehalten werden soll. Der Laserstrahl blinkt, wenn die Soll-Lage nicht erreicht ist. Oft sind elektromechanische Antriebe vorhanden, mit denen der Laserstrahl horizontal verschoben und seine Neigung verändert werden kann, ohne die Lage des Gerätes zu verändern.

Im Kanalbau werden die Rohre mit Hilfe von Zieltafeln in die Soll-Lage eingerichtet und verlegt. Es ist darauf zu achten, daß die Höhe des Laserstrahls und die Höhe der Zieltafel einander entsprechen.

Mit dem Laser-Leitstrahlverfahren zur Steuerung fahrender Maschinen hat der Fahrer die Möglichkeit, die Lage des Laserstrahls auf einer am Fahrzeug angebrachten Zieltafel ständig zu beobachten und Abweichungen von der Sollrichtung zu korrigieren. Dieses Verfahren findet z. B. Anwendung bei der Steuerung von Tunnelbohrwagen, Schildvortriebmaschinen, Tunnelfräsen, hydraulische Rohrdurchpressungen. Mit einem Hydraulikzusatz können diese Maschinen mit dem Laserstrahl vollautomatisch gesteuert werden.

Lotlaser senden einen Richtstrahl als Bezugsachse aus. Die Geräte sind meistens selbstlotend. Mit einer zusätzlichen Einrichtung kann die Richtung des Laserstrahls innerhalb einer Kegelmantel-Umgrenzungslinie variiert werden. Die Hochlotung von Festpunkten ist beim Bau von Hochhäusern, Brückenpfeilern und Schornsteinen von Bedeutung. Dies gilt besonders, wenn mit Gleitschalung gearbeitet wird.

Das Abloten von Festpunkten wird beim Bau von Schächten erforderlich.

Die mit **Rotationslasern** (7.3) dargestellten Ebenen können vertikal oder horizontal verlaufen. Bei einigen Geräten kann der Rotorkopf geneigt werden; damit wird dann eine von der Horizontalen bzw. Vertikalen abweichende Ebene beschrieben. Derartige Flächen können bei vielfältigen Baumaßnahmen, im Hochbau wie im Tiefbau, als Bezugsfläche dienen. Auch für Rotationslaser werden besondere Empfangs- und Steuersysteme angeboten. Die Empfänger zeigen durch Leuchtdioden und/oder unterschiedliche Signaltöne die Position des Empfängers bezüglich der Laserebene an. Die Empfänger können in Verbindung mit festen Maßstäben, z. B. mit Nivellierlattenteilung oder mit Teleskop-Maßstäben, eingesetzt werden.

7.3   Rotationslaser QL 300 D (Quante)
      mit Empfangsdetektor

7.4   Laserokular GLO 2 auf
      Theodolit Wild T 2 (Leica)

Erdbaumaschinen können mit 360° Rundumempfänger und einem speziellen Hydraulik-
satz vollautomatisch gesteuert werden.

Es gibt auch Laserokulare, mit denen Nivellerinstrumente, Theodolite und Lotgeräte in
Laserinstrumente umgerüstet werden können. Ein Beispiel sei genannt:

Das Laserokular GLO 2 von Wild (7.4) ist eine zusätzliche Ausstattung zu den Wild-
Theodoliten T 1, T 16, T 2, T 1000, T 1600, T 2002, den Wild-Nivellieren NA 2/NAK 2 und
N 3 sowie den Lotgeräten ZL, NL und ZNL. Das Laserokular wird gegen das normale
Standardokular des Fernrohrs mittels eines Bajonettverschlusses ausgetauscht. Damit ist
das jeweilige Instrument in ein Laser-Richtgerät umgewandelt, mit dem viele spezielle
Aufgaben im Bau- und Vermessungswesen zu lösen sind.

Das Bild 7.4 zeigt den Theodolit Wild T 2 mit aufgesetztem Laserokular.

Das Laserlicht wird von einem im Laserokular eingebauten Strahlenteiler in den Strahlengang des Fernrohrs umgelenkt, in das Zentrum des Strichkreuzes fokussiert und in
Richtung der Ziellinie in den Raum projiziert. Im Fernrohrgesichtsfeld wird mit dem
Spezial-Strichkreuz (das gegen das normale Strichkreuz in einer Werkstatt auszutau-
schen ist), in Lage I ein roter Reflexpunkt des Laserlichtes sichtbar. Er stimmt mit dem
Lichtpunkt im Ziel überein, der bei Tageslicht bis 200 m, nachts und unter Tage bis 400 m
gut erkennbar ist. Durch Filter im Okular wird die Gefahr für das Auge des Beobachters
ausgeschaltet.

Vorteilhaft ist, daß der Leitstrahl bei vorgegebenem Horizontal- oder Vertikalwinkel in
eine gewünschte Richtung oder Neigung einzustellen ist. Ein vorgesetztes 90°-Objektiv-
prisma lenkt den Laserstrahl in eine zur Zielrichtung rechtwinklige Ebene und kann so
für Lotungen eingesetzt werden.

8 Die verschiedenen Aufgaben im Vermessungswesen

Man unterscheidet Vermessungen,

a) für die Wahrnehmung von Hoheitsaufgaben im Vermessungs- und Katasterdienst,
b) für die Wahrnehmung privatrechtlicher Aufgaben.

8.1 Hoheitsaufgaben im Vermessungswesen

Diese umfassen das amtliche (öffentliche) Vermessungswesen, das Sache der Länder ist.

Zu diesen Aufgaben zählen Vermessungsarbeiten

a) zur Herstellung, Ergänzung und Überwachung des Lagefestpunkt- und Nivellementpunktfeldes
b) zur Herstellung und Laufendhaltung der amtlichen topographischen Karten
c) zur Herstellung, Erneuerung und Fortführung des Liegenschaftskatasters
d) zur örtlichen Feststellung und Wiederherstellung von Eigentumsgrenzen

Die unter a) und b) genannten Aufgaben sind solche der Landesvermessungsbehörden (Landesvermessungsämter); die Aufgaben unter c) und d) obliegen den Katasterämtern (Vermessungsämtern). Die freiberuflich tätigen „Öffentlich bestellten Vermessungsingenieure" sind ebenfalls berufen, Hoheitsaufgaben im Vermessungsdienst (Urkundsvermessungen am Grund und Boden) auszuführen, zu denen noch die gutachterliche Tätigkeit in vermessungstechnischen Angelegenheiten kommt. Ein technisches Büro (Baubüro usw.) darf also Vermessungsarbeiten nach a) bis d) nicht ausführen.

8.1.1 Landesvermessungsdienst und überregionale Institute

Die Aufgaben der Landesvermessung für das jeweilige Land sind den Landesvermessungsämtern übertragen.

Zu ihren Hauptaufgaben zählen:

die in Abschn. 8.1 unter a) und b) genannten Arbeiten,

die Neuvermessung und Flurkartenherstellung größerer Gebiete.

Die Landesvermessungsbehörden haben sich zu der Arbeitsgemeinschaft der Vermessungsverwaltungen der Länder (AdV) zusammengeschlossen. Die AdV gibt in technischen und Verwaltungsfragen Empfehlungen an die Landesvermessungsbehörden.

Überregional, also außerhalb der Kompetenz der Landesvermessungsbehörden, sind noch einige Institute und Gremien tätig:

Das Deutsche Geodätische Forschungsinstitut in München hat die Aufgabe, überregionale Forschungsarbeit zu betreiben und die Abstimmung mit anderen Forschungsträgern vorzunehmen,

das Institut für Angewandte Geodäsie in Frankfurt befaßt sich mit der wissenschaftlichen Forschung in der Geodäsie, der Kartographie und der Reproduktionstechnik sowie der Herstellung der Topographischen Übersichtskarte 1 : 200 000, der Übersichtskarte von Mitteleuropa 1 : 300 000 und der Internationalen Weltkarte 1 : 1 000 000,

der vermessungstechnische und kartographische Dienst des Hydrographischen Institutes in Hamburg führt mit Vermessungsschiffen die Seevermessung durch und stellt die Seekarten her,

die Institute der Universitäten führen mit verschiedenen Schwerpunkten Forschungsvorhaben durch,

der Fachnormenausschuß Bauwesen erabeitet nach den Richtlinien des Deutschen Normenausschusses vermessungstechnische DIN-Normen.

8.1.2 Kataster- und Vermessungsbehörden

Die oberste Fachbehörde ist ein Landesministerium[1]. Die Mittelbehörden (obere Fachbehörden) in der Vermessungsverwaltung sind die Regierungspräsidien[2]. Die Vermessungsbehörden der Unterstufe sind die Katasterämter (Vermessungsämter). Sie wickeln vornehmlich den Verkehr mit der Bevölkerung und den Ortsbehörden ab.

Ihre Hauptaufgaben sind:

– Führung des Liegenschaftskatasters (Grundstücksdatenbank)
– Übernahme der Bodenschätzungsergebnisse in das Kataster
– Mitwirkung zur Übereinstimmung zwischen Grundbuch und Kataster
– Ausführung von Grundstücksteilungen und Grenzfeststellungen
– Gebäudeeinmessungen und Feststellung der Nutzungsarten der Flurstücke sowie Übernahme in das Kataster
– Fertigung von Lageplänen zu Baugesuchen
– Ermittlung von Grundstückswerten
– Übernahme von Fortführungsvermessungen, Gebäudeeinmessungen usw., die von befugten Vermessungsdienststellen oder Öffentlich bestellten Vermessungs-Ingenieuren ausgeführt wurden, in das Liegenschaftskataster.

In Nordrhein-Westfalen sind die Katasterämter in die Verwaltung der Stadt- und Landkreise eingegliedert. In Baden-Württemberg obliegt verschiedenen Gemeinden die Wahrnehmung der staatlichen Vermessungs(Kataster)aufgaben.

---

[1] Das Vermessungswesen ist in den einzelnen Ländern nicht denselben Ministerien zugeteilt (z. B. Innenministerium, Finanzministerium u. a.).
[2] Hier gibt es in einzelnen Ländern Abweichungen.

8.1.3 Sondervermessungsdienst

Einige Verwaltungen haben eigene Vermessungsdienststellen, um die für eigene Zwecke anfallenden Hoheitsaufgaben und privatrechtlichen Aufgaben im Vermessungswesen selbst auszuführen.

Einen Sondervermessungsdienst unterhalten folgende Behörden:

Deutsche Bundesbahn	Forstverwaltung
Wasser- und Schiffahrtsverwaltung	Flurbereinigungs- und Siedlungsbehörden
Bundeswehr	Straßenbauverwaltung
	Gemeinden

8.2 Liegenschaftskataster und Grundbuch

Das Kataster entstand als „Steuerkataster", um die Grundsteuer gerecht zu erheben. Die Katasterangaben der Bezeichnung der Grundstücke wurden dem Grundbuch zugrundegelegt. Das Kataster wurde damit zum „Eigentumskataster" zur Sicherung des Grundeigentums.

Das „Liegenschaftskataster" ist ein „Mehrzweck-Kataster". Es besteht aus dem vermessungstechnischen Teil (Katasterzahlenwerk), dem beschreibenden Teil (Katasterbücher) und dem darstellenden Teil (Katasterkarten).

Das Katasterzahlenwerk enthält alle vermessungstechnischen Maße zur eindeutigen Festlegung der Grenzmarken, der Gebäude, der Nutzungsgrenzen usw. Ziel ist es, auf Grund der Messungen alle Punkte zu koordinieren und diese in Verzeichnissen zusammenzufassen. Damit ist die Überprüfung von Grenzpunkten und deren Wiederherstellung bei Verlust der Grenzmarke zuverlässig möglich.

Die Katasterbücher sind nach Gemeindebezirken [1]) geordnet. Sie umfassen folgende getrennte Bücher:

1. Flurbuch. Es enthält alle Flurstücke eines Gemeindebezirks nach Fluren getrennt unter Angabe von Flurstücksnummer, Lagebezeichnung, Nutzungsart, Fläche, Klassenzeichen, Wertzahlen, Ertragsmeßzahlen, Nummer des Liegenschaftsbuches und ggf. Nummer des Gebäudebuches. Es ist das Haupt-Katasterbuch.

2. Liegenschaftsbuch. Es ist ein nach Eigentümern geordnetes Grundstücksverzeichnis.

3. Eigentümerverzeichnis. Es ist meistens dem Flurbuch vorgeheftet und enthält die Eigentümer (Erbpächter, Erbbauberechtigte) und die Grundbuchbezeichnungen.

---

1) Die Grenzen eines Gemeindebezirks sind durch geschichtliche Entwicklung entstanden. Eine Gemarkung ist dagegen ein Katasterbezirk, der aus einer abgerundeten Grundstücksmasse besteht. Es wird angestrebt, daß Gemeindebezirk und Gemarkung sich decken. Zur Übersicht ist die Gemarkung in Fluren unterteilt.

Die kleinste Einheit im Kataster bildet das Flurstück (früher Parzelle). Es ist ein Teil der Erdoberfläche, der von einer Linie umschlossen und in der Flurkarte unter einer Nummer geführt wird; es kann verschiedene Nutzungsarten haben. Das Grundstück dagegen ist eine Fläche, die im Grundbuch an besonderer Stelle aufgeführt ist; ein Grundstück kann aus mehreren Flurstücken bestehen.

4. Gebäudebuch. In ihm werden die Gebäude mit Baujahr, Gebäudefläche, Nutzung und Wert nachgewiesen. Das Gebäudebuch wird in Zukunft durch eine Gebäudedatei abgelöst.

5. Alphabetisches Nummernverzeichnis. Es enthält die Namen der Eigentümer (Erbpächter, Erbbauberechtigte) sowie die zugehörigen Nummern des Liegenschafts- und Gebäudebuches.

Das Kataster-Kartenwerk besteht im allgemeinen aus der Flurkarte und der Schätzungskarte; die Maßstäbe dieser Karten sind unterschiedlich (1 : 1000 bis 1 : 2500). In der Flurkarte sind die Grenzen der Flurstücke, die Flurstücksnummern, die Gebäude, die Nutzungsarten und topographische Besonderheiten angegeben. Hinzu kommt die Katasterplankarte 1 : 5000 (nicht in allen Ländern). Sie entspricht dem Rahmen der Deutschen Grundkarte 1 : 5000 und enthält den Grundriß der Flurkarten; Geländeformen werden nicht dargestellt.

Die Weiterentwicklung des Liegenschaftskatasters ist die Grundstücksdatenbank, bei der die Messungsergebnisse mit den Punkten und Grundrissen auf einer Datei gespeichert und fortgeführt werden. Mit diesen Daten kann dann die digitalisierte Liegenschaftskarte jeweils neu erstellt werden.

Die Automatisierung des Liegenschaftskatasters wird in mehreren Stufen vollzogen und ist in den einzelnen Ländern unterschiedlich.

Im Grundbuch sind die Rechtsverhältnisse an den Grundstücken urkundlich niedergelegt. Die Bezeichnungen der Grundstücke werden vom Liegenschaftskataster übernommen. Weiter sind Eigentümer, Dienstbarkeiten und Hypotheken am jeweiligen Grundstück aufgeführt. Das Grundbuch genießt öffentlichen Glauben, das bedeutet, daß Rechte oder deren Änderung am Grundeigentum nur durch Grundbucheintragung wirksam werden. Das Grundbuch wird vom Grundbuchamt – das ist in der Regel das Amtsgericht – geführt. Jedes Grundstück erhält im Grundbuch ein besonderes Grundbuchblatt. Mehrere Grundstücke desselben Eigentümers, die im Bezirk des gleichen Grundbuchamtes liegen, werden auf einem Grundbuchblatt eingetragen.

Das Grundbuchblatt besteht aus dem Titel, dem Bestandsverzeichnis und den drei Abteilungen: 1. für die Angaben über die Eigentumsverhältnisse; 2. die mit dem Grundstück verbundenen Beschränkungen und Lasten; 3. die Hypotheken-, Grund- und Rentenschulden.

Der Titel des Grundbuchblattes enthält den Namen des Grundbuchamtes, sowie des Grundbuchbezirkes und die Blattnummer.

Im Bestandsverzeichnis sind die Grundstücke des Eigentümers angegeben. Sie beinhalten die Katasterangaben: Gemarkung, Flur, Flurstücksnummer, Lage, Größe, Nutzungsart. Weiter werden hier Rechte an dem Grundstück, wie Vorkaufsrecht, Wegerecht, Grunddienstbarkeiten eingetragen.

In der ersten Abteilung sind der oder die Eigentümer des Grundstücks aufgeführt mit Angabe des Grundes der Eintragung. Der Grund kann die Auflassung oder eine Erbfolge sein.

In der zweiten Abteilung werden die Beschränkungen und Lasten, die auf dem Grundstück ruhen, beschrieben. Dies sind das Vorkaufsrecht zugunsten eines Dritten oder ein Wegerecht zu Lasten des Grundstücks; weiter bei Eröffnung des Konkurses, bei Zwangsversteigerung oder bei Testamentsvollstreckung eine Eintragung über die Verfügungsbeschränkung des Eigentümers. Ferner werden hier Vormerkungen und Widersprüche zu Vermerken in den beiden anderen Abteilungen niedergelegt.

In der dritten Abteilung sind schließlich – wie bereits angegeben – die Hypotheken-, Grund- und Rentenschulden eingetragen.

Um alle Eintragungen chronologisch verfolgen zu können, werden nicht mehr gültige Angaben nicht durchgestrichen, sondern unterstrichen. Damit sind alle unterstrichenen Angaben gelöscht. Ganze Abschnitte werden gelöscht, indem über der ersten und unter der letzten Zeile ein waagerechter Strich gezogen und beide durch einen Diagonalstrich verbunden werden.

Mit der Eintragung in das Grundbuch ist der Erwerb eines Grundstücks erst rechtskräftig. Voraussetzung dafür ist, daß sich Verkäufer und Erwerber einig sind und somit die Auflassung erfolgt, die von einem Notar vorgenommen wird, der auch die Eintragung in das Grundbuch beantragt.

Das integrierte Grundbuch- und Liegenschaftsbuch-Verfahren wird in Zukunft die Zusammenarbeit zwischen Grundbuch und automatisiertem Liegenschaftskataster erleichtern.

8.3 Die amtlichen Kartenwerke

Um die vielen Wünsche der Kartenverbraucher (Planung, Wirtschaft, Verkehr usw.) zu erfüllen, werden von der amtlichen Kartographie eine Anzahl Karten verschiedener Maßstäbe vorrätig gehalten und laufend fortgeführt.

1. Deutsche Grundkarte 1 : 5000 (20 cm-Karte)[1])
2. Topographische Karte 1 : 25 000 (4 cm-Karte, Meßtischblatt)
3. Topographische Karte 1 : 50 000 (2 cm-Karte)
4. Topographische Karte 1 : 100 000 (1 cm-Karte)
5. Topographische Übersichtskarte 1 : 200 000 ($\frac{1}{2}$ cm-Karte)
6. Übersichtskarte von Mitteleuropa 1 : 300 00 ($\frac{1}{3}$ cm-Karte)
7. Internationale Weltkarte 1 : 1 000 000
8. Spezialkarten

Die Deutsche Grundkarte 1 : 5000 (Zweifarbendruck) entsteht aus der Katasterplankarte, indem zusätzlich die Geländeformen durch Einzeichnen der Höhenlinien dargestellt werden. Das Format ist 40 cm × 40 cm mit 4 km^2 Flächeninhalt. Die einzelnen Blätter werden nach den Rechts- und Hochwerten der linken unteren Blattecke sowie nach dem Namen eines dargestellten Ortes oder topographischen Gegenstandes benannt. In Bayern und Württemberg ersetzt die Höhenflurkarte 1 : 5000 bzw. 1 : 2500 dieses Kartenwerk.

Die Topographische Karte 1 : 25 000 (ein- bzw. dreifarbig) – früher Meßtischblatt genannt – umfaßt 10 Längen- und 6 Breitenminuten. Die Numerierung der Karten ist vierstellig; hierbei geben die ersten beiden Ziffern die waagerechte Reihe, die letzten Ziffern die senkrechte Spalte an. Außerdem ist der Name eines dargestellten Ortes angegeben. Zum Teil liegen von diesem Kartenwerk auch Vergrößerungen 1 : 10 000 vor.

---

[1]) Die Karten werden vielfach nach dem einen km entsprechenden Maß auf der Karte benannt, das vom jeweiligen Maßstab abhängt. Beim Maßstab 1 : 5000 entspricht 1 km in der Natur 20 cm auf der Karte; deshalb 20 cm-Karte.

Die Topographische Karte 1 : 50 000 (mehrfarbig mit Schummerung) enthält mit 20 Längen- und 12 Breitenminuten den Inhalt von vier Topographischen Karten 1 : 25 000. Die Blattnummer ist die des südwestlichen Blattes 1 : 25 000 mit vorgesetztem L, der lateinischen 50. Damit wird auf den Maßstab 1 : 50 000 hingewiesen. Daneben wird wieder der Name eines dargestellten Ortes angegeben. Grundlage dieses Kartenwerkes ist die Topographische Karte 1 : 25 000.

Die Topographische Karte 1:100 000 (mehrfarbig mit Höhenlinien und Schummerung) umfaßt 40 Längen- und 24 Breitenminuten.

Die Topographische Übersichtskarte 1 : 200 000 (dreifarbig) umfaßt 1°20′ in der Länge und 48′ in der Beite.

Die Übersichtskarte von Mitteleuropa 1 : 300 000 (schwarz oder mehrfarbig) gibt die Erdoberfläche von 2° Länge und 1° Breite wieder.

Die Internationale Weltkarte 1 : 1 000 000 (mehrfarbig) umfaßt jeweils 6 Längen- und 4 Breitengrade.

Die Karten bis zum Maßstab 1 : 200 000 werden als topographische Karten, solche mit dem Maßstab kleiner als 1 : 200 000 als geographische Karten bezeichnet, da in letzteren die topographischen Einzelheiten nicht mehr darzustellen sind.

Die genannten Karten dienen vielfach als Grundlage für die Anfertigung von Spezialkarten, zu denen die geologischen, bodenkundlichen, hydrographischen, geomorphologischen, meteorologischen, klimatologischen, verkehrstechnischen, historischen Karten u.a. gehören.

Die Landesvermessungsämter lassen für ihren Bereich Luftbildaufnahmen als Senkrechtaufnahmen durchführen, so daß von diesen Gebieten Schwarzweißaufnahmen im ungefähren Maßstab 1 : 30 000 vorliegen. Hieraus werden Orthophotos, das sind entzerrte Luftbilder im Maßstab 1 : 10 000, hergestellt. Von den Luftbildern können Abzüge, Ausschnitte und Vergrößerungen von den Landesvermessungsämtern bezogen werden.

Auskunft über die vorhandenen amtlichen Kartenwerke geben die Kartenverzeichnisse der Landesvermessungsämter.

8.4 Technische Planwerke

Bei der Behandlung der Maßstäbe wurde der Unterschied zwischen Plan und Karte herausgestellt, der vom Maßstab abhängig gemacht wurde. Die im Abschnitt 8.3 aufgeführten Kartenwerke umfassen kleine Maßstäbe von 1 : 5000 bis 1 : 1 000 000.

Die technischen Planwerke sind großmaßstäblich von 1 : 100 bis 1 : 5000. Zwischen Plan und Karte ist das Maßstabsverhältnis als fließend anzusehen.

Für die Bautechnik sind folgende Spezialpläne hervorzuheben:

Pläne für die Planung (Stadt, Straße, Eisenbahn) 1 : 500 bis 1 : 5000. Bei gestreckten Bauvorhaben wie Straßen und Eisenbahnen werden die Karten- bzw· Planunterlagen so zusammenkopiert, daß das Band des Verkehrsweges von links nach rechts fortschreitend ohne Rücksicht auf die Nordrichtung dargestellt wird. Hierfür sind die Maßstäbe 1 : 1000 und 1 : 500 zweckmäßig. Die dazugehörenden Einrechnungspläne, die alle technischen Daten sowie Einrechnungs- und Absteckmaße enthalten, werden im Maßstab

1 : 500 gefertigt. In dem Grunderwerbsplan, der alle Katasterangaben enthält, werden die in Anspruch genommenen Flächen und Gebäude dargestellt. Daneben wird ein Grunderwerbsverzeichnis aufgestellt, in dem auch die aus dem Grundbuch entnommenen rechtlichen Daten für die in Anspruch genommenen Grundstücke aufgeführt sind.

Bebauungspläne 1 : 1000,
Flächennutzungspläne 1 : 5000,
Umlegungspläne 1 : 1000,
Absteckpläne 1 : 100 bis 1 : 500,
Streckenpläne der Bundesbahn und der Bundesautobahn 1 : 1000,
Bahnhofspläne der Bundesbahn 1 : 1000,
Leitungspläne für Elektrizität, Telefon, Wasser, Entwässerung, Gas 1 : 200 bis 1 : 1000.
Diese Pläne werden als sogenannte „Leitungskataster" geführt.

8.5 Vermessungen bei Bauvorhaben

Diese umspannen den weiten Bogen der Vermessungsarbeiten von der Absteckung von Bauvorhaben bis zu deren Überwachung nach der Fertigstellung. Die Ausführung dieser Vermessungsarbeiten ist an keinen bestimmten Personenkreis gebunden. In der Honorarordnung für Architekten und Ingenieure werden Leistungsbilder für Vermessungsarbeiten beschrieben.

Zu den Vermessungen bei Bauvorhaben gehören vornehmlich:

a) Vermessungen für die Planung von Verkehrswegen (Straßen, Eisenbahnen, Kanäle) und wasserwirtschaftlichen Anlagen (Stauseen, Be- und Entwässerungsanlagen) einschließlich der Bauwerke (Brücken, Schleusen, Hafenanlagen, Staumauern, Tunnel)

b) Absteckung der Achsen der Verkehrswege und der Bauwerke

c) Überwachung und Prüfung der Bauausführungen nach Lage und Höhe

d) Peilungen, Setzungsbeobachtungen

e) Fertigung sämtlicher Planunterlagen für diese Arbeiten

Als Grundlage der Planung dienen die amtlichen Kartenwerke sowie die Katasterkarten, die evtl. durch örtliche Tachymeteraufnahmen oder photogrammetrisch zu ergänzen sind. Vielfach werden vorhandene Karten auf einen einheitlichen Maßstab (1 : 1000) vergrößert und dann ergänzt.

Die Vermessungsarbeiten bedingen eine enge Zusammenarbeit zwischen Bauingenieur und Vermessungsingenieur, um den zeitlichen Ablauf der Vermessungsarbeiten mit den Bauarbeiten in Einklang zu bringen.

DIN 18300 (Technische Vorschriften für Bauleistungen, Erdarbeiten) und die ZTVE-StB 76 (Zusätzliche Technische Vorschriften und Richtlinien für Erdarbeiten im Straßenbau) geben Anweisungen über den Ablauf der Vermessungsarbeiten zwischen Auftraggeber und Auftragnehmer. Im einzelnen wird folgendes festgelegt:

Bei Straßenbauten sind die Straßenachse und die Bauwerksachsen, bei Hochbauten die Achsen und Höhenpunkte sowie die Straßenflucht vom Auftraggeber abzustecken und festzulegen. Absteckplan und Höhenverzeichnis sind vor Baubeginn mit einer Niederschrift dem Auftragnehmer zu übergeben, der für die Erhaltung und evtl. Wiederherstellung der einzelnen Punkte verantwortlich ist.

Alle übrigen Absteckungen und Vermessungen in Lage und Höhe während der Bauausführung sind Sache des Auftragnehmers, der dafür die Verantwortung übernimmt. Diese Arbeiten sind so rechtzeitig auszuführen, daß sie der Auftraggeber ohne Behinderung der Bauarbeiten überprüfen kann.

Zur ordnungsgemäßen Ausführung der Erdbauwerke sind vom Auftragnehmer bei Dämmen und Einschnitten an den Böschungskanten Lehren im Abstand der Querprofile (20 ... 50 m) aufzustellen.

Die vom Auftraggeber zur Verfügung gestellten Geländeaufnahmen und Absteckungen gelten für die Abrechnung als anerkannt, wenn der Auftragnehmer vor Beginn der Arbeiten keine Einwendungen erhoben hat. Alle übrigen, der Abrechnung zugrunde zu legenden Aufmessungen sind vom Auftragnehmer und Auftraggeber gemeinsam vorzunehmen. Diese Aufmessungen sind gegenseitig anzuerkennen.

Anhang

Zusammenstellung von elektro-optischen Distanzmessern für den Nahbereich, elektronischen Tachymetern und Computer-Tachymetern [1]) (alphabetisch nach Herstellern geordnet, ohne Anspruch auf Vollständigkeit)

| Hersteller | Type | Reflektor | | | Elektro-opt. Distanzmesser in Verbindung mit | Bemerkungen | Hinweis auf Bild |
		Anzahl der Prismen	Reich-weite km	Gewicht kg			
Elektro-optische Distanzmesser für den Nahbereich (Aufsatzgeräte) (Standardabweichung $\pm$ (3 mm + 2 · 10^{-6} D) bis $\pm$ (5 mm + 5 · 10^{-6} D))							
Ashal Precision	MD-14/ MD-20	1 1	1 1,4	2 2	Brücken-adapter oder elektr. Theodolit TH – E 10 D	3 Programme, Schnittstelle, Datenspeicher anschließbar	
Geotronics	Geodimeter 220	1 8	2,3 5,5	1,3	Adapter aufsetzbar auf alle Theodolite	Schrägdistanz, Horizontal-distanz, Tracking	
Ibeo	Pulsar 500	1 ohne	8 0,4	1,85	Adapter auf gängigem Theodolit, Messen mit Pistolengriff	Horizontal-distanz, Höhen-unterschied, Koordinaten. Schnittstelle	
Ibeo	Pulsar 50	1 ohne	8 0,12	1,7	Adapter auf gängigem Theodolit	wie vor. Tracking-funktion, Zielpunkt-laser anstelle des Ziel-fernrohrs montierbar	
Leica	DI 1001	1 3	0,8 1,2	1	Wild Theodoliten	Schrägdistanz, Zusatztastatur zur Reduk-tionsrechnung für Horizon-taldistanz	1.18

[1]) s. a. Meisenheimer, D.: Vermessungsinstrumente aktuell. Stuttgart 1992

| Hersteller | Type | Reflektor | | | Elektro-opt. Distanzmesser in Verbindung mit | Bemerkungen | Hinweis auf Bild |
		Anzahl der Prismen	Reichweite km	Gewicht kg			
Leica	DI 1600	1 11	2,5 7	1,1	Wild Theoliten	Schrägdistanz. In Verbindung mit elektr. Theo. über Theodolittastatur steuerbar. Anschlußmöglichkeit für Computer	
Leica	DI 2002	1 11	3,5 7	1,1	Wild Theodoliten	Präzisionsdistanzmesser. Über Mikroprozessor des elektronischen Theodoliten Horizontaldistanz, Höhenunterschied, Koordinaten und Absteckwerte	1.19
Leica	DIOR 3002	ohne 11	0,25 6	1,7	Wild Theodoliten	Laser zur Zielmarkierung, mißt auch auf Prismen	
Sokkisha	RED min 2	1 3	0,8 1,2	0,8	Adapter aufsetzbar auf Theodolit	Eingebautes koaxiales Fernrohr	
Sokkisha	RED 2 A	1	2,3	2	Adapter aufsetzbar auf Theodolit	wie vor	
Topkon	DM-A 2	1	0,7	2,2	Brücken- oder Fernrohradapter auf Theodolit	Schrägdistanz. Reduktionsrechner für Horizontaldistanz	

Hersteller	Type	Reflektor		Gewicht kg	Elektro-opt. Distanzmesser in Verbindung mit	Bemerkungen	Hin-weis auf Bild
		Anzahl der Prismen	Reich-weite km				
Topkon	DM-H 1	1	0,9	2,2	Theodolit ETL–1	Direkte Datenüber-tragung an den Theodolit. Automatische Berechnung von Horizon-taldistanz, Höhenunter-schied, Koordinaten	
Zeiss	Eldi 4	1 7	1 2	1,6	Adapter auf elektr. Theodolit ETh 3, ETh 4	Schrägdistanz. Automatische Berechnung Horizontal-distanz, Höhenunter-schied	

| Hersteller | Type | Reflektor | | Gewicht | Bemerkungen | Hin- |
		Anzahl der Prismen	Reich- weite km	kg		weis auf Bild

Elektronische Tachymeter, Computer – Tachymeter
(in elektr. Theodolite integrierte elektro-optische Distanzmeßsysteme)
(Standardabweichung der Distanzmesser $\pm (2\ \text{mm} + 2 \cdot 10^{-6}\ D)$ bis $\pm (3\ \text{mm} + 3 \cdot 10^{-6}\ D)$)

Hersteller	Type	Anzahl der Prismen	Reich- weite km	Gewicht kg	Bemerkungen	Hinweis auf Bild
Ashal Precision	PTS-II-20 F	1 3	1,4 1,8	6,9	Flüssigkeitskompensator, Schnittstelle, Anschluß an Datenregistriergerät möglich	
Ashal Precision	PTS-III-10	1 3	2,2 3,2	6,9	wie vor. Programme zur Spannmaßberechnung, Koordinatenbestimmung	
Geotronics	Geodimeter 408	1 8	1,1 2,5	6,4	Elektronische Libelle, Berücksichtigung der Instrumentenfehler, Schnittstelle, menügesteuerte Meßabläufe, Programme für Höhenbestimmung, Absteckung, Koordinaten	
Geotronics	Geodimeter 510	1 8	1,2 2,5	6,2	wie vor, Zweiachs- kompensator	
Leica	TC 500	1 3	0,7 1,1	5,3	Elektronische Libelle, Schnittstelle für Datentransfer zu externem el. Feldbuch	
Leica	TC 1010	1 max	2,0 5,5	5,5	Autom. Korrektur von Ziel- linien- und Indexfehler sowie Kreisexzentrizität, Rechenprogramme, einsteck- barer Datenspeicher	
Leica	TC 1610	1 max	2,5 5,5	5,5	Autom. Korrektur von Ziel- linien- und Indexfehler sowie Kreisexzentrizität, integrierte Rechenprogramme, einsteckbarer Datenspeicher	
Leica	TC 2002	1 max	2,0 4,0	7,6	Doppelachskompensator, autom. Korrektur aller Achsfehler, integrierte Rechenfunktionen, einsteck- barer Datenspeicher, Präzisionsreflektoren für höchste Genauigkeit	
Nikon	DTM-A 10 LG	1 max	2,0 3,5	7,0	Integrierte Meßprogramme, Schnittstelle, LED-Anzeige zum Einweisen des Reflektorträgers	
Sokkisha	SET 3	1 9	2,5 4,0	7,4	Stehachsenkompensator, Schnittstelle, Koordinaten- bestimmung	

Hersteller	Type	Reflektor		Gewicht kg	Bemerkungen	Hinweis auf Bild
		Anzahl der Prismen	Reichweite km			
Sokkisha	SET 3 C	1 9	2,5 4,0	7,5	Zwei-Achs-Kompensator, Schnittstelle, Speicherung der Meßdaten, Datenübertragung über Lesegerät	
Topcon	GTS-3 B 20	1 max	0,9 2,4	5,2	Schnittstelle, Koordinatenberechnung	
Topcon	ET-2	1 max	2,6 4,9	7,5	Schnittstelle, integrierte Rechenprogramme	
Zeiss	Elta 2	1 max	1,8 6	5	Zweiachskompensator, integrierte Anwenderprogramme, programmgesteuerte Benutzerführung	
Zeiss	Elta 3	1 3 max	1,6 2 5	5	Zweiachskompensator, integrierte Meßprogramme, Programmsteuerung über 3 Tasten. Registrierung der Daten über Registriergeräte (Feldrechner Rec 500)	
Zeiss	Elta 4	1 3 max	1 1,5 4	5	Einachskompensator, integrierte Meßprogramme, Programmsteuerung über 3 Tasten	1.22
Zeiss	Elta 5	1 3 max	1 1,5 3,5	4,8	wie vor	
Zeiss	Rec Elta 2	1 max	1,8 6	5,9	Computer-Tachymeter, Zweiachskompensator, kompaktes Meßsystem, übersichtliche Programmkonzeption, moderne Menütechnik und Dialogführung. Interne Registrierung. Austauschbarer Datenspeicher	
Zeiss	Rec Elta 3	1 max	1,6 5	5,9	wie vor	1.27
Zeiss	Rec Elta 4	1 max	1 4	5,9	Einachskompensator, wie vor	
Zeiss	Rec Elta 5	1 max	1 3,5	5,7	wie vor	

Schrifttum

Baumann, E.: Vermessungskunde. Bd. 1 (1989), Bd. 2 (1988), Bonn

Deumlich, F.: Instrumentenkunde der Vermessungstechnik. 8. Aufl. 1987. Berlin

Großmann, W.; Kahmen, H.: Vermessungskunde. Bd. 3. 12. Aufl. 1988. Berlin

Hake, G.: Kartographie Bd. 1. 6. Aufl. 1982, Bd. 2. 3. Aufl. 1985. Berlin

Häßler, J.: Wachsmuth, H.: Formelsammlung für den Vermessungsberuf. 3. Aufl. 1984. Korbach

Joeckel, R.; Stober, M.: Elektronische Entfernungs- und Richtungsmessung. 2. Aufl. 1991. Stuttgart

Kahmen, H.: Elektronische Meßverfahren in der Geodäsie. Stuttgart 1988

Kahmen, H.: Vermessungskunde. Bd. 1 (1988), Bd. 2 (1986). Berlin

Kasper, H.; Schürba, W.; Lorenz, H.: Die Klothoide als Trassierungselement. 2 Bde. 6. Aufl. 1985. Bonn

Meisenheimer, D.: Vermessungsinstrumente aktuell. Stuttgart 1992

Witte, B.; Schmidt, H.: Vermessungskunde und Grundlagen der Statistik für das Bauwesen. 2. Aufl. 1991. Stuttgart

DIN-Taschenbuch Bd. 111: Vermessungswesen. Normen. 5. Aufl. 1991. Berlin

Sachverzeichnis